AF502000

1162

ESSAIS

DE

PALÉOCONCHOLOGIE

COMPARÉE

PAR M. COSSMANN.

DEUXIÈME LIVRAISON
(Décembre 1896)

PARIS

CHEZ L'AUTEUR
95, RUE MAUBEUGE, 95

COMPTOIR GÉOLOGIQUE
53, RUE MONSIEUR LE PRINCE, 53

ESSAIS

DE

PALÉOCONCHOLOGIE COMPARÉE

OUVRAGES DU MÊME AUTEUR

Catalogue illustré des coquilles fossiles de l'Eocène des environs de Paris (1886-1896). Cinq vol. in-8, avec 46 planches lithographiées, y compris les appendices. Prix : 111 fr.

Revision sommaire de la faune du terrain oligocène marin aux environs d'Étampes (1891-1893). Trois fascicules in-8, avec 3 planches lithographiées. Prix : 12 fr. 50.

Notes complémentaires sur la faune éocénique de l'Alabama (1893). 1 vol. in-4, avec 2 planches phototypées. Prix : 8 fr.

Sur quelques formes nouvelles des faluns du Bordelais (1894-1895). Deux brochures avec 3 planches phototypées. Prix : 6 fr.

Essais de paléoconchologie comparée (1895-1896). Deux livraisons, avec 15 planches phototypées. Prix : 35 fr.

Mollusques éocéniques de la Loire-Inférieure (1895-1896). Deux fascicules, avec 9 planches phototypées. Prix : 18 fr.

Revue bibliographique de paléozoologie. Compte rendu trimestriel des ouvrages récents, à dater de Janvier 1897.

Prix : { Union postale, 6 fr.
Hors de l'union postale, 7 fr.
Par numéro isolé, 2 fr.

S'adresser à l'Auteur, 95, *rue de Maubeuge.*
(*Envoi franco contre mandat postal.*)

ESSAIS

DE

PALÉOCONCHOLOGIE

COMPARÉE

PAR M. COSSMANN.

DEUXIÈME LIVRAISON

(Décembre 1896)

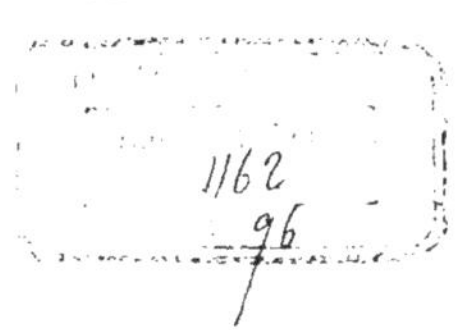

PARIS

CHEZ L'AUTEUR | COMPTOIR GÉOLOGIQUE
95, RUE MAUBEUGE, 95 | 53, RUE MONSIEUR LE PRINCE, 53

Paris, Novembre 1896.

*

La préface qui sert d'introduction à la première livraison de ces « Essais », s'appliquant à l'ensemble de l'ouvrage, me dispense d'en écrire une spéciale à la seconde livraison : je me borne donc ici, avant d'entrer en matière, à indiquer certaines améliorations apportées au texte, sur le conseil de quelques amis.

* *

Les tableaux de classification, par famille, des genres, sous-genres et sections ne devaient être, dans ma pensée, qu'un sommaire résumant, sous une forme synoptique, l'arrangement que j'adopterais pour ces divisions génériques, à l'exclusion des rapports et différences qu'elles présentent entre elles, et dont l'indication détaillée est mentionnée dans le texte relatif à chaque genre, sous-genre ou section.

Toutefois un de nos confrères m'a fait remarquer qu'il suffirait de compléter très brièvement ces tableaux par l'indication des caractères les plus saillants, pour leur donner immédiatement la valeur de tableaux dichotomiques, justifiant d'un seul coup d'œil les bases de l'arrangement proposé. Cette amélioration ne laisse pas que de présenter, dans l'exécution, de réelles difficultés, tant au point de vue typographique, pour ne pas nuire à la clarté du classement, qu'en ce qui concerne l'impossibilité matérielle où l'on se trouve souvent d'exprimer, en très peu de mots, des caractères complexes, plus ou moins importants, et cependant capables de motiver les distinctions faites entre les subdivisions d'une même famille.

Néanmoins j'ai essayé, dans la mesure de ce qu'il m'a été possible, de donner satisfaction à ce desideratum, en ajoutant, entre crochets et en petit caractères, quatre ou cinq mots au plus, pour caractériser ces subdivisions par le critérium le plus frappant, et avec autant de symétrie qu'en comporte l'histoire naturelle des êtres organisés.

* * *

Plusieurs de nos lecteurs ont demandé quelques explications au sujet de l'emploi des mots néo-type[1] et plésiotype dont-il est fait usage dans cet ouvrage. Il est d'autant plus utile d'en donner une définition, que le sens à attribuer à ces deux mots doit varier suivant qu'il s'agit des genres ou des espèces :

1° Pour les genres, le type est représenté par une espèce bien définie, quand l'auteur du genre a désigné l'espèce à laquelle s'applique exactement la dénomination générique qu'il propose. Lorsqu'il n'a pas eu cette précaution essentielle (c'est le cas de beaucoup d'ouvrages anciens), il est d'usage de prendre comme type la première des espèces décrites par l'auteur du genre, à moins qu'elle n'ait été elle-même choisie comme type d'un genre ou sous-genre, ultérieurement formé aux dépens du genre primitif, et définitivement accepté ; à défaut de la première, on se rejette sur la seconde, et ainsi de suite. Or il arrive souvent que, d'élimination en élimination, il ne reste plus aucune espèce primordiale pour servir de type au genre ainsi démembré. Dans ce cas, il est bien évident qu'il faut conserver au moins une forme pour représenter le genre qui a le droit de priorité, et alors l'espèce choisie à cet effet, avec de sérieux motifs à l'appui, peut être qualifiée néo-type.

Ainsi le néo-type d'un genre est l'espèce qui, à défaut de type, doit être désormais considérée comme typique : il ne peut y en avoir qu'une seule et le préfixe « néo » a simplement pour but de rappeler que le choix de ce type est postérieur à la création du genre. Il résulte encore de là que, si le type a une fixité absolue,

[1] J'avais d'abord adopté post-type, mais on m'a fait remarquer l'étymologie hybride de ce mot, moitié latine, moitié grecque ; j'y ai donc définitivement substitué néo-type.

le néo-type qui peut être contesté, quant au choix de l'espèce proposée, n'est pas nécessairement invariable.

Au contraire, le plésiotype est une espèce voisine de l'espèce type, mais différente, appartenant vraisemblablement au même genre, au même sous-genre, à la même section, et qui le représente, soit à une époque géologique, soit dans une région géographique, différente de celle qui a été désignée comme « habitat » de l'espèce type. Il résulte de là qu'il peut y avoir plusieurs plésiotypes pour un même genre, et que néanmoins chacun d'eux peut être définitivement admis et classé comme plésiotype.

2° En ce qui concerne les espèces, la définition et l'emploi de ces deux mots sont nécessairement un peu différents : comme le type d'une espèce est un échantillon unique, qui a servi de modèle à la description et à la figure de cette espèce ; il ne peut y avoir d'utilité à le remplacer par un néo-type, que si cet original a été détruit ou a disparu pour une raison quelconque ; mais encore faut-il, pour qu'on puisse admettre cette substitution, qu'il soit bien démontré que le nouvel échantillon représente absolument la forme typique que l'auteur avait en vue quand il a créé l'espèce, quelque défectueuse ou insuffisante que soit la figure qu'il en a donnée : on n'a guère cette garantie que si ce nouvel échantillon provient de la même localité, exactement au même niveau, surtout s'il fait partie de la même récolte, quelquefois si c'est un échantillon meilleur, montrant mieux les caractères spécifiques, par suite de son état de conservation.

En dehors de ce cas, qui se présente d'ailleurs bien rarement, l'échantillon, soit de la même localité, soit d'un autre gisement, qu'on assimile à une espèce, après une comparaison avec le type ou avec les figures originales, et dont on donne une nouvelle description et une nouvelle figure, n'est, à proprement parler, que le plésiotype de cette espèce.

Il résulte de là que le néo-type d'une espèce peut, dans certains cas, être contesté et descendre au rang de plésiotype ; qu'en outre il peut y avoir autant de plésiotypes que l'on juge utile d'en proposer pour la même espèce ; qu'enfin ces plésiotypes n'ont qu'une fixité relative, puisqu'il peut toujours arriver qu'on leur attribue ultérieurement la valeur d'une variété, d'une espèce distincte.

* * * *

Je n'ai pas joint à cette livraison, comme je l'avais fait pour la première, de tableau phylogénétique, indiquant la filiation présumée des genres, dans les temps géologiques. J'ai en effet, pour m'en abstenir, plusieurs motifs : d'abord les familles étudiées ci-après ne forment qu'un fragment infime de la masse considérable des Gastropodes prosobranches, de sorte que l'on ne pourra bien se rendre compte de leur enchaînement qu'après un exposé de l'ensemble des familles qui composent ce sous-ordre, sauf bien entendu pour ce qui concerne les Nérinées qui, comme on le verra ci-après, paraissent intermédiaires entre les Opisthobranches et les Prosobranches. Ensuite la disposition de mon tableau phylogénétique a donné lieu à certaines critiques qui nécessiteraient l'adoption d'une autre forme graphique, sur laquelle mon choix n'est pas définitivement arrêté.

J'y reviendrai donc ultérieurement, et il est probable que ce ne sera guère avant d'avoir terminé au moins la série des Siphonostomes.

ENTOMOTÆNIATA, *nov. subordo.*

Familles..... { **TUBIFERIDÆ**, Cossm. 1895.
ITIERIIDÆ, *nov. fam.*
NERINEIDÆ, Zittel, 1873.

Animal inconnu. — Coquille caractérisée par l'existence d'une échancrure profonde et très étroite, à la jonction du labre avec l'avant-dernier tour ; les accroissements de cette échancrure forment, contre la suture, une bande presque linéaire, tantôt en saillie, tantôt en retrait sur une rampe déclive qui a exactement la même largeur que la bande.

Embryon hétérostrophe, dévié en forme de crosse courte et oblique.

Ouverture holostome, terminée en avant par un bec ou une sinuosité subcanaliculée, non échancrée, dans l'angle formé par l'intersection du contour supérieur et de la columelle ; bord columellaire ne se raccordant pas au bord basal par une courbe régulièrement arrondie.

Labre presque vertical, à peine incliné à droite de l'axe du côté antérieur, arqué du côté postérieur où il est profondément entaillé avant de se raccorder avec la suture, souvent muni à l'intérieur d'une lamelle spirale.

Columelle parfois perforée, lisse ou plissée, toujours infléchie à droite à sa jonction avec le contour supérieur, près du bec basal ; paroi inférieure de l'ouverture quelquefois munie d'une lamelle spirale dite pariétale.

Observ. — J'entrerai dans quelques développements pour justifier : d'une part la création d'un nouveau sous-ordre ; d'autre part l'assemblage des familles exclusivement fossiles avec lesquelles je propose de le constituer ; enfin la position systématique qu'il y a lieu de lui attribuer dans la classification générale des Gastropodes.

I. — Ainsi que l'indique la diagnose ci-dessus, le principal caractère des *Entomotæniata*, celui qui motive leur dénomination, est l'existence d'une bande suturale, rappelant celle des *Pleurotomariidæ*, à cette différence près qu'elle n'occupe pas la même position sur les tours de spire. L'échancrure correspondante du manteau de l'animal devait évidemment avoir un but analogue, sinon identique, au point de vue de son organisation ou de ses mœurs. Une échancrure semblable existe chez quelques Opisthobranches, par exemple les *Aceridæ* qui y laissent passer un filament palléal.

Un second caractère, non moins important, mais dont on n'a malheureusement pu vérifier la constance que dans l'une des trois familles de ce nouveau sous-ordre, celle des *Tubiferidæ*, c'est la disposition de l'embryon qui, chez *Ceritella* et *Pseudonerinea*, est hétérostrophe et dévié en forme de crosse, exactement comme dans les *Actæonidæ*, et n'est pas pulviné comme celui des *Odontostomia*, ni enroulé autour d'un axe différent de celui de la coquille, comme cela a lieu chez *Turbonilla.*

En troisième lieu, quoique l'ouverture soit holostome, et que l'animal qui habitait la coquille n'ait certainement pas été siphoné, cette ouverture est invariablement anguleuse ou sinueuse à la base, avec une tendance à la formation d'un bec subcanaliculé, qui est produit par une inflexion de la columelle, avant qu'elle se joigne au contour supérieur: ce bec, excessivement court, n'est jamais échancré, ses accroissements produisent sur la base, lorsqu'elle est ombiliquée, un bourrelet ou une carène qui circonscrit l'ombilic. On observe une disposition semblable à ce bec chez la plupart des *Mathildia*, chez quelques *Rissoidæ*, chez les *Cerithioderma*, c'est-à-dire dans des genres que l'on considère habituellement comme holostomes; l'ombilic caréné, par suite de la présence d'un angle à la base de l'ouverture, existe également chez *Niso.*

Tels sont les trois caractères fondamentaux qui, par leur association et par leur constance, me paraissent justifier le groupement à part des trois familles en question. Les autres caractères ne se présentent pas avec la même constance dans ces trois familles, ils ont seulement un intérêt particulier et doivent nous servir de base pour exclure certaines hypothèses au sujet du classement des *Entomotæniata*. Ces caractères, variables selon la famille, sont les suivants :

L'existence, sauf dans la famille *Tubiferidæ*, d'une lamelle spirale à l'intérieur du labre (quelquefois même plusieurs), caractère que l'on n'a encore signalé chez aucun autre Gastropode que ceux des familles *Itieriidæ* et *Nerineidæ;* je ne parle pas, bien entendu, des plis accidentels, non spiraux, qui garnissent, de place en place, l'intérieur du labre d'un grand nombre de formes marines, saumâtres ou pulmonées, car ce ne sont pas, à proprement parler, des lamelles continues comparables à celles des *Nerinea*. A cette particularité, dont le but anatomique m'échappe absolument, correspond généralement sur la surface des tours de spire une tendance à l'évidement: on remarque même, sans que ce soit toutefois une règle absolue, que plus les tours ont extérieurement l'aspect évidé, plus la plication du labre est saillante et encombre l'espace libre de la cavité interne où se logeait l'animal ; en outre, le point le plus profond, ou le sommet de l'angle du profil de l'évidement, sur le galbe extérieur, correspond précisément à la hauteur de la lamelle intérieure du labre. Aucune forme de *Cerithiidæ* ne présente un évidement pareil sur la spire, au contraire les plis qu'on observe de place en place à l'intérieur du labre sont situés juste au droit de varices saillantes sur la surface externe ; quant aux Pulmonés, tels que les *Auriculidæ* et *Clausiliidæ*, si leur ouverture est parfois grimaçante au point de laminer étroitement le passage de l'animal, c'est par suite de l'existence de dents qui ne persistent pas en spirale à l'intérieur du labre, et auxquelles correspond quelquefois une cicatrice en creux isolée sur la surface externe.

Il y a une autre particularité, qui n'existe toutefois que chez quelques *Nerineidæ*, c'est que cette lamelle spirale, ainsi d'ailleurs que celles dont la columelle est munie, se dilate parfois et se subdivise en moulures accessoires, à son extrémité libre opposée à la base, de sorte que, si l'on fait la coupe axiale de la coquille, on obtient, depuis le sommet jusqu'à la base, une figure multilobée représentant la cavité interne habitée par l'animal entre toutes ces saillies spirales et compliquées. C'est encore là un caractère tout à fait spécial à certaines formes de *Nerineidæ* ou d'*Itieriidæ*.

Je ne cite que pour mémoire les plis columellaires et pariétaux, qui existent aussi chez les *Pyramidellidæ* et *Cerithiidæ*, puisque c'est même en partie le motif pour lequel les auteurs ont rapproché les *Nerineidæ* de l'une ou de l'autre de ces deux familles, selon que les plis sont columellaires ou pariétaux. Cependant, ici encore il y a lieu de remarquer, à titre de particularité, qu'on ne trouve jamais de *Pyramidella* qui possède un aussi grand nombre de plis que *Ptygmatis* par exemple.

L'existence d'un large ombilic chez certains genres d'*Itieriidæ* et de *Nerineidæ* ne peut pas davantage être invoqué comme un caractère spécial, attendu qu'on remarque des entonnoirs semblables dans les genres *Niso* (*Pyramidellidæ*) et *Trypanaxis* (*Cerithiidæ*). Cependant c'est bien à tort que quelques auteurs ont comparé les *Cryptoplocus* largement ombiliqués aux *Niso* qui ont aussi un bec à la base de l'ouverture, ou bien qu'ils ont rapproché des *Nerinæa* le genre *Halloysia*, Briart et Cornet, qui est seulement une sorte de *Trypanaxis* à plis columellaires.

Quant à la forme de la coquille des *Entomotæniata*, sa variabilité est précisément ce qui m'a le plus embarrassé : les tours sont tantôt embrassants (*Tubiferidæ* et *Itieriidæ*), tantôt superposés sans aucun recouvrement (*Nerineidæ*) ; la spire est soit conique, très courte, rétuse ou même excavée au sommet, soit plus allongée et plus cylindrique que dans aucun autre groupe de Gastropodes : ainsi, à côté d'*Itieria* bulliformes, surtout lorsqu'elles sont jeunes, on trouve, dans ce même sous-ordre, des *Nerinella* baculiformes, dont on n'a jamais le sommet, parce qu'il est à peu près impossible qu'un corps si allongé se conserve intact, même dans les meilleures conditions de sédimentation. Il est vrai que cette variabilité, qui nuit en apparence à l'homogénéité des formes comprises dans notre nouveau sous-ordre, plaide d'autre part, comme on le verra ci-après, en faveur du classement que je propose de lui attribuer: car il confine, par quelques-unes de ses formes, aux Opisthobranches, et ressemble par quelques autres aux *Terebra*, qui commencent la série des Prosobranches.

Il me reste à faire encore quelques observations au sujet de l'ornementation: bien que ce ne soit pas un caractère sur lequel on puisse baser un système de classification, il est incontestable qu'elle joue un rôle important, tout au moins pour guider le Conchyliologiste. Or, elle présente précisément assez de constance dans nos *Entomotæniata*, qui sont lisses ou faiblement ornées et qui ne portent jamais de varices, ce qui s'explique d'ailleurs par la faible épaisseur du labre, qui est en général très mince, sauf vis-à-vis du point où il est intérieurement consolidé par une lamelle spirale; on y remarque seulement des plis d'accroissement, obliques et sinueux chez quelques *Tubiferidæ*, parfois divisés en tubercules obsolètes par des dépressions spirales; ou bien des cordons spiraux peu saillants chez les *Nerineidæ*, avec de petites granulations perlées, quelquefois même des nodosités obsolètes. Les formes très allongées sont généralement dimorphes, c'est-à-dire que les premiers tours ne ressemblent guère, par leur ornementation, aux derniers qui deviennent lisses, les ornements s'effaçant avec une banalité qui déroute le paléontologiste dans la séparation des espèces.

II. — Ainsi que j'ai déjà eu l'occasion de l'indiquer ci-dessus, le sous-ordre *Entomotæniata* se compose de trois familles qui ont pour caractères communs ceux dont j'ai, en même temps, signalé la constance: la bande suturale, témoin invariable d'une échancrure à la partie inférieure du labre; le bec subcanaliculé à la base de l'ouverture; et probablement l'embryon, quoique je n'aie pu vérifier ce caractère, jusqu'à présent, que sur l'une des trois familles.

Les *Tubiferidæ* ont déjà été examinées dans la première livraison de ces « Essais »; pendant le cours de l'impression de cette livraison, je me suis aperçu qu'il y avait lieu de classer dans cette famille le genre *Pseudonerinea* de Lor., qui est si voisin de *Fibula*, Piette, que je l'avais cru identique même et que j'avais considéré ces deux dénominations comme synonymes. Ainsi constituée, cette famille est très homogène, mais ses rapports avec les véritables Nérinées ne paraissent pas se dégager au premier abord, d'autant moins que les *Tubiferidæ* ont encore les tours embrassants comme les Opisthobranches, et qu'elles ne possèdent jamais de plis, ni au labre, ni même à la columelle.

Mais, dès que l'on examine la nombreuse série des coquilles désignées sous le nom *Nerinea*, on s'aperçoit que tantôt elles ont des plis nombreux et très compliqués, tantôt un seul pli simple, tantôt enfin absence complète de plication ; d'autre part, on est bientôt amené à les diviser en deux groupes, l'un comprenant les formes telles que *Itieria*, à tours embrassants, avec ou sans plis à la columelle et au labre, l'autre restreint aux Nérinées proprement dites, dont les tours sont toujours superposés, avec ou sans plis à la columelle et au labre; de sorte que les différences résultant du nombre ou de l'absence des plis ne paraissent avoir qu'une valeur accessoire au point de vue de la séparation des familles, et justifient tout au plus la séparation des genres et des sous-genres dans chaque famille.

En résumé donc, on passe des *Tubiferidæ*, par l'intermédiaire de *Pseudonerinea*, dont les tours sont peu embrassants, aux Nérinées sans plis qui ont les tours un peu plus superposés, de même que quelques *Ceritella* trapues confinent de près aux *Itruvia* qui n'ont qu'une plication rudimentaire. Si l'on ajoute à ces motifs la ressemblance que présentent extérieurement quelques jeunes *Itieria* complètement involvées, avec des *Actæonella* ou même avec les *Bullidæ*, tandis que les *Ceritella* peuvent être prises pour des *Actæon* à bec antérieur, on conclut que, si les trois familles dont il vient d'être question forment un groupe bien homogène, ce groupe a beaucoup d'affinités avec les Tectibranches.

III. — C'est, en effet, près des Tectibranches, et peut-être même avec les Tectibranches, que je propose de classer mon nouveau sous-ordre, en rompant complètement avec la tradition qui consiste à placer les Nérinées près des Cérithes à cause de leur canal rudimentaire, ou près des *Pyramidellidæ*, à cause de leur forme turriculée et de leur plication.

Sur les trois caractères fondamentaux des *Entomotæniata*, il en est déjà un qui est identique à celui des Tectibranches, c'est l'embryon en forme de crosse hétérostrophe. Quant aux deux autres, on trouve l'indice de l'échancrure suturale et du bec de l'ouverture dans quelques familles de Tectibranches : presque tous les *Actæonidæ* ont le labre rétrocurrent près de la suture, cette entaille est même déjà très visible chez *Cylindrites*, et les *Aceridæ* en possèdent une aussi profonde que celle des Nérinées ; en ce qui concerne le bec, s'il n'est pas complètement formé dans les véritables *Actæonina*, il a une tendance à apparaître chez les *Striactæonina*, les *Actæonidea*, et surtout chez les *Cylindrites*, dont la columelle s'infléchit en avant exactement comme celle de *Ceritella*, et dont le contour basal est aussi sinueux que celui de *Pseudonerinea*.

Enfin l'enchaînement ininterrompu qui existe, ainsi qu'on vient de le prouver, entre les *Actæonidæ* et les *Nerineidæ*, est un argument que je crois décisif, quoiqu'en réalité ce soit une preuve par l'absurde : car, si on écarte les *Nerineidæ* des Tectibranches pour les reporter, comme on l'a fait jusqu'à présent, près d'autres familles à spire allongée et à canal rudimentaire, on ne peut en faire autant avec les *Tubiferidæ* qui leur sont intimement liées, ni surtout avec les *Itieriidæ* qui s'accommoderaient mal d'un pareil classement. Il faut donc nécessairement laisser ce sous-ordre tout entier près des coquilles avec lesquelles quelques-uns de ses membres ont le plus d'affinité, sous peine de le disloquer d'une manière beaucoup moins rationnelle encore.

J'aurais vivement désiré appuyer ce classement sur une hypothèse tirée de l'organisation probable des animaux qui habitaient les coquilles d'*Entomotæniata*, c'est-à-dire faire de la synthèse au lieu d'une analyse par voie d'élimination; j'aurais voulu déduire des caractères de ces coquilles la preuve d'une différence dans la disposition des branchies par exemple, puisque c'est sur cet organe que repose la division actuelle des Gastropodes en ordres et sous-ordres. Malheureusement j'ai été obligé d'y renoncer, eu égard à l'état actuel de nos connaissances, bien que je sois persuadé, sans pouvoir le démontrer, que leur organisation devait être, en quelque sorte, intermédiaire entre celle des Opisthobranches et celle des Prosobranches, avec un peu plus d'affinité pour les premiers.

A ce point de vue, l'échancrure suturale a principalement appelé mon attention à cause de sa constance : j'espérais y trouver la preuve que les *Entomotæniata* devaient être munis d'un lobe palléal, comme les Tectibranches et les Pulmonés.

Mais notre savant confrère de l'École normale de Gand, M. Paul Pelseneer, que j'ai consulté sur ce point, m'a fait remarquer que, chez *Acera* par exemple, qui a une échancrure, « le lobe palléal ne fait pas saillie « par là, il sort latéralement; l'échancrure laisse seulement passer le « filament palléal bien connu de ce genre... Si donc nous voulons reconstituer l'animal de *Nerinea*, nous ne pouvons pas conclure qu'il possé« dait un lobe palléal parce que la coquille a une échancrure suturale, « mais simplement que le manteau avait, dorsalement, une échancrure « correspondante... L'échancrure du labre est tout à fait sans influence « sur la branchie : celle-ci est la même chez *Acera* que chez *Scaphander* ».

« Beaucoup de Gastropodes possèdent une semblable échancrure, et « *Acera* seul, à ma connaissance, présente un filament palléal qui y passe; « le rôle de ce filament est certainement peu prépondérant; bien que je « n'aie jamais observé *Acera* vivant, je présume que cet appendice est « une sorte de gardien de l'ouverture palléale (un organe tactile, par con« séquent). »

« Je suis donc porté à croire que chez *Nerinea*, comme chez les *Pleu« rotomariidæ*, *Emarginula*, *Siliquaria*, etc... il ne passait rien par cette « échancrure de la coquille, et que celle-ci marque seulement l'existence « d'une échancrure correspondante du manteau... Dans *Pleurotomaria*, « *Scissurella*, *Emarginula* (j'ai pu m'en assurer chez ces deux derniers) « l'échancrure se trouve juste au-dessus de l'anus et sert à l'expulsion des « fèces et de l'eau respiratoire ; chez *Cemoria*, *Haliotis*, cette échancrure « s'est en partie fermée et le ou les orifices restants ont la même position « relative et le même rôle. »

« Dans *Scissurella* et *Haliotis*, de petits tubercules palléaux (issus du « bord même, donc différents de celui d'*Acera*) passent par la fente ou les « orifices de la coquille. L'échancrure de *Pleurotoma* et *Siliquaria* se

« trouve aussi dans la même position relative que dans *Scissurella*, et, bien « que je n'aie pu m'assurer de la chose, je crois qu'on peut par analogie « lui attribuer le même rôle. »

« Chez *Pleurotomaria*, *Haliotis*, *Emarginula*, *Fissurella*, l'anus est assez « loin du bord extérieur du manteau : aussi comprend-on facilement « l'existence de cette échancrure qui permet une issue plus rapide des « excréments hors de la cavité palléale... Je pense que, sans crainte de se « tromper, on peut affirmer que l'échancrure coquillière de *Nerinea* à la « même signification. »

Il résulte des observations très intéressantes qui précèdent que ce ne serait pas dans l'échancrure suturale des *Entomotæniata* qu'il faudrait chercher l'explication de leur organisation particulière, ni la preuve de l'exactitude de la place que je leur attribue dans la classification systématique, puisque cette dernière est principalement basée par les auteurs modernes sur la disposition des branchies respiratoires.

Cependant j'ai nommé ce sous-ordre *Entomotæniata*, parce que la bandelette suturale, produite par les accroissements de cette échancrure, est tout à fait caractéristique et n'existe chez aucun autre Gastropode à ouverture échancrée : aucun des genres mentionnés par notre confrère n'a l'échancrure placée près de la suture, on pourrait presque dire dans la suture; si donc, — hypothèse très admissible, — l'échancrure des *Entomotæniata* sert aussi d'exutoire anal, c'est que l'anus est relégué à un emplacement tout à fait différent de celui des *Pleurotomaria* par exemple, encore plus bas que celui des *Surcula* dont le labre fait un crochet antécurrent avant de se raccorder avec la suture. Non seulement il doit en résulter une différence corrélative dans le mode d'expulsion des matières fécales ou des eaux ayant servi à la respiration, mais encore il est très admissible que ce déplacement de l'anus, que la modification de la dynamique musculaire nécessaire pour produire l'effort d'expulsion, que l'éloignement du point d'évacuation des eaux respiratoires, correspondent précisément à une modification inconnue de la disposition des branchies. Bien que ce ne soit qu'une supposition, elle est assez vraisemblable pour justifier l'importance que j'ai attribuée à la bandelette suturale et la nécessité de grouper dans un sous-ordre distinct les formes qui présentent ce caractère.

En attendant qu'on puisse démontrer que ce sous-ordre se rapproche, par la nature de ses organes respiratoires, des Tectibranches auprès desquels je propose de le classer, on peut du moins se guider d'après les raisons que j'ai données ci-dessus, c'est-à-dire par l'impossibilité où l'on se trouve d'arriver à une solution rationnelle, si on assigne une autre place aux *Entomotæniata*.

Enfin, on remarquera qu'il s'agit de formes mésozoïques dérivant probablement des Tectibranches qui sont beaucoup plus anciens, puisqu'ils remontent à l'époque carboniférienne, tandis que les premières *Ceritella* et *Nerinea* n'apparaissent que dans l'étage hettangien. Comme les *Entomotæniata* se sont subitement éteints à la fin de la période crétacique, ils représenteraient un rameau tronqué, qui se serait greffé sur la souche des Tectibranches et qui n'aurait trouvé que pendant l'époque secondaire les conditions particulières de son genre de vie.

Je me suis longuement appesanti sur les considérations qui précèdent, parce qu'il m'a semblé que la création d'une division fondamentale mérite plus d'explications justificatives que lorsqu'il s'agit seulement de proposer l'adoption d'une espèce nouvelle ; le déplacement que je préconise heurtera certainement l'opinion de beaucoup de nos confrères, car on n'est pas habitué au voisinage des Nérinées et des Bulles. Néanmoins j'ai la conviction que ce classement sera ultérieurement confirmé par la découverte de matériaux plus probants que ceux dont j'ai pu disposer, et que l'on pourra alors imposer à ce groupe de coquilles une dénomination qui soit plus en harmonie avec celles dont on fait usage pour la classification dans les Manuels de Conchyliologie.

TUBIFERIDÆ

Observ. — Je n'ai rien à ajouter à la diagnose de cette famille, que j'ai proposée (Essais de Pal. comp. I, p. 77, 1895) pour un certain nombre de coquilles jurassiques, confondues jusqu'à présent soit avec les *Actæonidæ*, soit avec les *Cerithiidæ*. La revision de ces espèces a fait l'objet d'un Mémoire (Etudes sur les Gastr. jurass. I. — Mém. pal. Soc. géol de Fr. T. V. et VI, 1895-96), dans lequel j'ai déjà indiqué ce que je viens de développer plus complètement à propos des *Entomotæniata*, c'est-à-dire que cette famille devrait être rapprochée des *Nerineidæ* et qu'il y aurait lieu d'y comprendre le genre *Pseudonerinea*, de Loriol. La création du sous-ordre nouveau *Entomotæniata*, qui comprend les *Tubiferidæ*, m'oblige à revenir sur cette famille et sur les genres qu'il y a lieu d'y admettre.

Tout d'abord, il est entendu qu'elle doit être éliminée des Tectibranches, malgré les affinités qu'elle présente avec eux, et qu'elle forme tout au plus la transition entre ceux-ci et les Nérinées qui paraissent s'en écarter de prime abord. Mais, comme cette transition se fait précisément par l'intermédiaire de *Pseudonerinea* que j'avais d'abord (*loc. cit.*, p. 155) considérée comme synonyme de *Fibula*, j'ai dû rectifier ma première opinion et séparer ces deux formes. Le tableau ci-dessous tient compte de ces rectifications, et du remaniement qui en résulte dans la classification des *Tubiferidæ*.

Tableau des genres, sous-genres et sections.

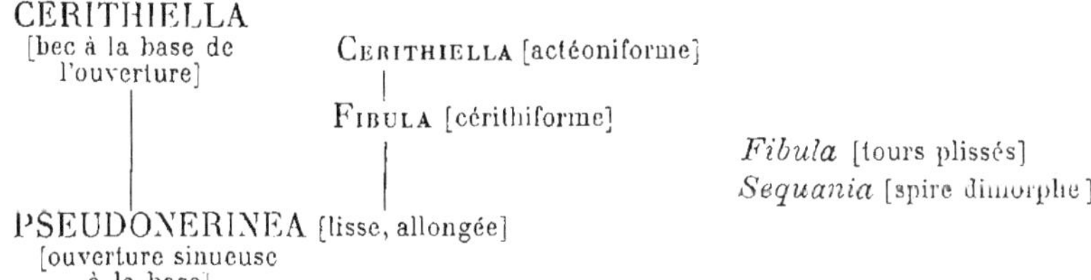

CERITHIELLA, Morr. et Lyc. *em.*

Observ. — Je ne reviendrai ni sur la diagnose, ni sur la répartition stratigraphique de ce genre, car je n'ai aucun fait nouveau à signaler à ce sujet. Mais je crois nécessaire de rectifier l'orthographe du nom qui, étant un diminutif latin de *Cerithium*, ne peut être écrit *Ceritella*, puisque ce serait le diminutif de la traduction française Cérite; il me paraît d'autant plus nécessaire de faire cette petite correction de nomenclature, malgré l'habitude qu'on a d'employer l'orthographe de Morris et Lycett, que cela fera disparaître toute incertitude au sujet de la synonymie de *Cerithiella*, Verrill 1882, que plusieurs auteurs persistent à conserver, sous le prétexte que cette dénomination n'est pas littéralement identique à l'autre.

FIBULA, Piette, 1857. Type: *F. undulosa*, Piette, Bath.

Observ. — N'ayant pu, dans la première livraison de mes « Essais », que reproduire une copie de la figure originale du type de ce genre, je crois intéressant de donner une figure (Pl. I, fig. 9) d'une espèce plésiotype *F. nudiformis*, Piette, d'après un échantillon du Bathonien de Maisoncelle, dans les Ardennes, coll. de l'Institut catholique.

SEQUANIA, Cossm, 1895. Type : *Cerithium Cotteaui*, de Lor. (= *Sequania Lorioli*, Cossm !) Seq.

Taille grande ; forme trapue ; spire dimorphe, faiblement étagée près de la suture ; tours un peu convexes, les premiers ornés de costules axiales légèrement obliques, tuberculeuses, arrêtées en-deçà de la bande suturale, se transformant en plis d'accroissement plus serrés et assez obsolètes sur les derniers tours ; base arrondie, séparée par une dépression du cou très court, sur lequel s'enroule un bourrelet. Ouverture en secteur de cercle, terminée à la base par un bec large, entaillé et échancré dans l'épaisseur de la columelle, non rejeté au dehors ; labre curviligne en avant, oblique en arrière, fortement échancré sur la suture ; columelle courte droite, faisant un angle de 120° avec la base de l'avant-dernier tour, dénuée de plication.

Diagnose faite d'après les types de Tonnerre (Pl. III, fig. 1-4), coll. Cotteau, communiqués par M. Péron.

Observ. — J'ai proposé cette section dans l'Annuaire géologique universel (Vol. X, 1893, édité en 1895) à l'occasion de l'analyse de l'ouvrage de M. de Loriol sur les mollusques séquaniens de Tonnerre; le type de cette section, *Cerithium Cotteaui*, de Loriol, ne peut conserver le nom déjà employé par Cossmann et Lambert en 1883, pour une espèce de l'Oligocène des environs d'Étampes: en conséquence, j'ai remplacé cette dénomination par *Sequania Lorioli*, *nob.*, et je n'ai fait la correction de nomenclature spécifique qu'après le changement de genre, de sorte qu'on ne puisse alléguer qu'il y a double emploi avec un *Cerithium* portant déjà le nom *Lorioli*.

Rapp. et diff. — Si l'on ne possédait que les derniers tours de cette coquille, il n'y aurait aucun motif pour la séparer de *Fibula;* mais M. de Loriol a précisément fait remarquer que les premiers tours de spire de son espèce, jusqu'au douzième au moins, portent une ornementation qui n'existe jamais dans les véritables *Fibula*, dont la surface est seulement plissée, et qui sont d'ailleurs plus courtes et plus ventrues que *Sequania :* ces ornements tuberculeux, qui rappellent ceux de quelques *Cerithiella*, s'effacent quand la coquille atteint la taille adulte, de sorte qu'il n'y a aucune ressemblance entre deux fragments de la même espèce et qu'on risquerait de les rapporter, l'un aux *Cerithium*, l'autre aux *Fibula.* Ce dimorphisme dénote une organisation particulière de l'animal, et tout au moins assez différente pour qu'on puisse admettre *Sequania* comme section de *Fibula*.

Répart. Stratigr.

SEQUANIEN ...... Une seule espèce type de la section, dans les environs de Tonnerre.

PSEUDONERINEA, de Loriol 1890.

(= *Fibula*, Cossm. 1895, Essais, I, p. 155, *non* Piette).

Pseudonerinea, *sensu str.* Type : *P. blauenensis*, de Lor. Raur.

Forme conique, allongée, turriculée ; spire aiguë, subulée ; embryon de *Cerithiella :* tours plans, lisses, étagés près de la suture par une rampe étroite, sur laquelle se forme la bande du sinus ; dernier tour assez élevé à la base, ovale, imperforé. Ouverture étroite, en secteur elliptique, terminée en avant par une sinuosité assez large, qui ressemble à un bec quand le contour supérieur n'est pas absolument intact ; labre peu incurvé, dénué de pli à l'intérieur ; columelle lisse, cylindracée, faisant un angle de 150° environ avec la base de l'avant-dernier tour ; bord columellaire calleux, bordé à l'extérieur par une carène qui se raccorde avec le contour sinueux de la base de l'ouverture.

Diagnose refaite : d'après un échantillon de l'espèce type, provenant de Blauen (Pl. I, fig 5), ma coll. ; d'après un plésiotype, *Chemnitzia Clio*, d'Orb. du Ptérocérien d'Oyonnax (Pl. I, fig. 7-8) coll. de l'Institut catholique ; et d'après un autre plésiotype, *Nerinea Clytia*, d'Orb. du Rauracien de l'Yonne (Pl. I, fig. 6), coll. de l'Ecole des Mines.

Rapp. et diff. — Ce genre est évidemment très voisin de *Fibula :* je l'y ai même réuni, dans la première livraison de ces Essais (p. 155), n'ayant pu, pendant l'impression, me procurer les matériaux de comparaison qui me décident actuellement à conserver *Pseudonerinea* et même à le considérer comme un genre absolument distinct. Les caractères différentiels sur lesquels repose cette séparation sont les suivants : forme toujours plus allongée de la spire, absence complète d'ornementation sur les tours, courbure plus ovale de la base du dernier tour qui se raccorde en avant sans aucune inflexion, tours presque superposés, le dernier étant beaucoup moins embrassant que chez les autres *Tubiferidæ;* enfin la différence la plus importante, seulement visible sur des échantillons parfaitement conservés, consiste dans la forme de l'ouverture qui est largement sinueuse à la base (voir fig. 8) et n'est pas réellement canaliculée par un bec, lorsqu'elle n'est pas mutilée La forme de l'embryon a été indiquée et figurée par M. Bigot dans le T. XXIV du Bulletin de la Soc. géol. de France (1896, p. 29).

Répart. Stratigr.	
Bajocien .... ou Bathonien......	Une espèce dans les calcaires gris de la Vénétie, niveau supérieur à *Durga crassa* (*Chemnitzia Canonæ*, Bœhm), d'après la figure donnée par l'auteur.
Rauracien......	Outre l'espèce type en Suisse, une autre espèce plus étroite, dans le même gisement de Blauen (*P. gracilis*, de Lor.); autre espèce, commune dans l'Yonne et dans les gisements sableux des environs de Lisieux (*Ner. Clytia*, d'Orb.), Coll. de l'École des Mines, coll. Bigot, ma coll.
Sequanien......	Une espèce assez répandue dans le Boulonnais (*Cer. Pellati*, de Lor.), coll. Legay, Rigaux.
Kimmeridien....	Une espèce typique dans le sous-étage Ptérocérien du Jura (*Chemnitzia Clio*, d'Orb., coll. de l'Institut catholique.
Portlandien....	Une espèce pupoïde dans le Bolonien (*Cerith. Micheloti*, de Lor.), coll. Rigaux.
Urgonien.......	Une espèce à peu près certaine de l'Urgaptien d'Espagne (*Cerith. Verneuili*, Vilan.) d'après les figures de l'Atlas de Mallada.

ITIERIIDÆ, *nov. fam.*

Forme ovale ou conoïde ; spire courte, tantôt irrégulière et rétuse au sommet, tantôt régulièrement étagée ; tours embrassants, parfois même enveloppant complètement la spire, ou se recouvrant irrégulièrement, séparés par une étroite rampe sur la suture, lisses ou portant simplement des nodosités variqueuses, plus ou moins régulières. Dernier tour très grand, à base ovale, étroitement ombiliquée et munie, autour de l'entonnoir ombilical, d'un bourrelet qui correspond au bec antérieur.

Ouverture étroite, allongée, toujours anguleuse et même quelquefois linéaire en arrière, peu dilatée en avant, et terminée à la base par un bec aigu : labre mince, oblique, rétrocurrent vers la suture dans laquelle se dissimulent les accroissements de l'échancrure ; columelle courte, faisant un angle ouvert et très arrondi avec la base de l'avant-dernier tour, à peine infléchie contre le bec antérieur.

Plication composée d'une forte lamelle antérieure à la columelle, généralement d'un pli spiral à l'intérieur du labre, un peu plus bas que le pli columellaire, et quelquefois d'un pli pariétal, très écarté du pli columellaire.

Rapp. et diff. — Le caractère principal des coquilles que je propose de classer dans cette nouvelle famille est d'avoir les tours embrassants, ce qui n'a jamais lieu dans les *Nerineidæ*, dont les tours se superposent au lieu de se recouvrir ; il en résulte que les sutures sont étagées et que la bande du sinus est précisément située sur la rampe suturale, tandis que la plupart des Nérinées proprement dites ont une suture superficielle et une bande légèrement saillante. Par le recouvrement de leurs tours, les *Itieriidæ* se rapprochent davantage des *Tubiferidæ* et de certaines *Actæonella ;* mais elles s'en écartent par leur plication, par leurs nodosités, par la profondeur de l'échancrure suturale qui, même chez *Pseudonerinea*, n'atteint pas la longueur de la fente des *Itieria ;* enfin par leur axe toujours ombiliqué.

Tableau des genres, sous-genres et sections.

ITIERIA
[spire enveloppée réluse au sommet]
 Itieria[1] [plis 2 — 1, spire irrégulière, ombilic étroit]
 |
 Campichia [plis 1 ou 2 — 0, spire tronquée, pas d'ombilic]
|
ITRUVIA [plis 1 — 0, spire non rétuse, ombilic étroit]
|
PHANEROPTYXIS [plis 2 ou 3 — 1 ou 2, ombilic caréné].

ITIERIA, Math. 1842.

Forme ventrue ; spire enveloppée, rétuse ou tronquée au sommet ; surface lisse, quelquefois irrégulièrement bossuée ; ouverture linéaire, peu élargie en avant ; columelle fortement plissée à la base ; labre simple ou denté.

Itieria, *sensu stricto*. Type : *Actæon cabanetianus*, d'Orb. Kim.

Spire d'abord excavée, avec un nucléus mucroné au centre de l'entonnoir, puis changeant de galbe et devenant conoïdale, à

[1] Dans tout ce qui va suivre, le premier chiffre représente le nombre des plis columellaires et pariétaux, le second représente le nombre des plis du labre.

mesure que la coquille vieillit ; tours croissant d'abord très lentement, puis irrégulièrement, d'inégale largeur, séparés par des sutures bordées d'une étroite rampe, portant çà et là des nodosités formées par des arrêts de l'accroissement du test ; dernier tour ovale, arrondi à la base, qui est un peu déprimée aux abords de la carène circa-ombilicale : ombilic étroit, muni à l'intérieur d'un pli spiral (*fide* Mathéron) ou plutôt d'une saillie formée par le retrait des tours de spire.

Ouverture arquée, très étroite même en avant, munie d'un bec peu saillant, à l'extrémité antérieure, au point où aboutit la carène basale ; labre presque vertical, peu incliné, fortement rétrocurrent en arc de cercle du côté postérieur, un peu sinueux à la base, avant de se raccorder à la carène, muni d'un pli situé assez haut ; columelle très courte, portant un gros pli lamelleux ; second pli pariétal, écarté du pli columellaire.

Diagnose refaite d'après un individu jeune de Valfin (Pl. I, fig. 1-2) et d'après un individu adulte d'Oyonnax (Pl. I, fig. 3-4), coll. de l'École des Mines.

Observ. — J'ai restreint le genre *Itieria* aux limites que lui a primitivement assignées Mathéron : c'est à tort, selon moi, que Pictet, Stoliczka, Zittel, de Loriol, rattachent aux *Itieria* des formes qui appartiennent sans doute à la même famille, mais qui s'écartent du type ci-dessus décrit par des caractères tellement variés, qu'en cherchant à les comprendre dans un même genre on arrive à en dénaturer la diagnose, à la rendre absolument vague, et à la confondre presque avec celle des Nérinées, comme l'a fait d'Orbigny, quoiqu'il y ait de profondes démarcations entre *Itieria* et *Nerinea*. On verra ci-après, au fur et à mesure, quels sont les caractères distinctifs de ces nouvelles coupes d'*Itieriidæ*, et on constatera que, dans beaucoup de cas, elles sont précisément en harmonie avec leur *habitat* stratigraphique.

Répart. Stratigr.

Rauracien...... L'espèce type dans l'Yonne, à Châtel-Censoir (*fide* d'Orbigny).

Sequanien...... L'espèce type dans les couches tithoniques de Stramberg (*fide* Zittel) et de Sicile (*fide* Gemmellaro);

Itieria.

autre espèce, avec la précédente, dans le Frioul (I. *obesa*, Pir.) d'après la Monogr. de Pirona.

KIMMERIDIEN.... L'espèce type dans le Jura et dans l'Ain, au sous-étage Ptérocérien, coll. de l'École des Mines et du Musée de Dijon.

CAMPICHIA *nov. sub. gen.*

Type : *Itieria truncata*, Pict. et Camp. Urg.

(= *Itieria*, Pict. et Camp. = *Itruvia*, Stol. *ex parte*).

Taille petite ; forme cylindro-conique, tronquée, de sorte que la coquille peut se tenir debout quand on la pose sur son sommet ; spire excavée, avec un bouton mamillé au centre ; tours étroits, complètement enveloppés par le dernier, dont le galbe est ovoïdo-cylindrique, atténué à la base, dénué de perforation ombilicale. Ouverture très étroite, un peu plus large au milieu qu'à ses extrémités, terminée en avant par un bec subcanaliculé ; labre vertical, ne portant aucun pli lamelleux à l'intérieur ; columelle assez courte, munie de deux plis saillants, très rapprochés, quelquefois d'un seul au milieu de la hauteur ; traces de plis pariétaux très obsolètes, au nombre de trois sur l'espèce type.

Diagnose faite d'après les types de Châtillon de Michaille dans l'Ain (Pl. I, fig. 12-13), coll. Pictet au Musée de Genève.

Rapp. et diff. — Pictet et Campiche ont décrit deux espèces urgoniennes, qu'ils classent dans le genre *Itieria*, tandis que Stoliczka les rattache à son genre *Itruvia*. En réalité, il ne me paraît pas possible de confondre avec *Itieria* (*sens. str.*) des coquilles complètement tronquées à tout âge, dont la spire n'est jamais développée, dénuées d'ombilic et de pli au labre, enfin souvent munies de plis pariétaux multiples ; le moins qu'on puisse faire est de les placer dans un sous-genre d'*Itieria*, en conséquence je propose la création de cette nouvelle coupe qui porterait le nom d'un des deux auteurs de la description des fossiles du Crétacé de Sainte-Croix. Cette subdivision concorde d'ailleurs avec les données de la stratigraphie, puisque les véritables *Itieria* ne dépassent pas l'étage Kimméridien, tandis que *Campichia* semble, jusqu'à présent, localisée dans l'Urgonien : aucune forme analogue, qui puisse établir une filiation, n'a encore été signalée dans le Portlandien, ni dans le Néocomien.

Répart. Stratigr.

URGONIEN ...... Deux espèces qui diffèrent par leur galbe et par leurs plis columellaires, dans les calcaires blancs de Bellegarde (I. *truncata* et *umbonata*, Pict. Camp.), d'après les types de la coll. du Musée de Genève.

ITRUVIA, Stol. 1867, *ex parte* (= *Itieria*, Fisch. Man. Conchyl. 1884).

ITRUVIA, *sensu str.* Type : *Pyramidella canaliculata*, d'Orb. Tur.

Forme conoïde, turriculée ; spire assez longue, à tours étroits et à sutures profondément canaliculées ; dernier tour plus petit que la moitié de la hauteur totale, embrassant et recouvrant partiellement l'avant-dernier tour, arrondi à la base qui paraît perforée d'un étroit ombilic. Ouverture courte, peu large, avec un bec antérieur ; columelle concave, portant un pli spiral tout à fait en avant ; labre seulement muni d'un renflement interne, qui laisse sur le moule une trace spirale très obsolète.

Diagnose refaite d'après un individu de l'espèce type, à l'état de moule, provenant d'Uzès (Pl. I, fig. 11), coll. de l'Institut catholique ; et d'après des individus du gisement d'Uchaux (Pl. I, fig. 10), coll. Cossmann.

Observ. — En instituant ce genre distinct d'*Itieria* (Cret. Gastr. of South India, 1867, p. 177), Stoliczka y a classé cinq espèces, dont les deux premières et la cinquième à la rigueur ont entre elles une certaine analogie (*Pyr. canaliculata*, d'Orb. et *carinata*, Reuss; *Itruvia globoides*, Stol.) ; tandis que les deux autres (*Itieria truncata* et *umbonata*, P. et C.) ont, ainsi qu'on l'a vu ci-dessus, un faciès bien différent, et n'ont aucune affinité avec les trois premières. Il ressort de là que Stoliczka a eu raison de distinguer le genre *Itruvia*, mais qu'il ne l'a pas formé d'une manière homogène; en retirant de ce genre les deux espèces que j'ai rapportées au nouveau genre *Campichia*, j'ai donc usé du droit qui consiste à admettre pour type d'un genre la première des espèces que l'auteur y cite, quand même celle-ci n'aurait qu'une partie des caractères hybrides que contient la diagnose du genre.

Rapp. et diff. — Les *Itruvia* se distinguent des *Campichia*, non seulement par leur spire turriculée qui, contrairement à ce qu'avance Stoliczka

Genre à éliminer de la famille.

Halloysia, Briart et Cornet, 1878. Type : *H. biplicata*, B. et C. du Paléocène de Mons, petite espèce perforée de la base au sommet, comme les *Trochalia*, et munie de deux plis columellaires, de sorte que Fischer l'a rapprochée des *Nerineidæ ;* mais, en examinant la direction des stries d'accroissement sur la figure, on constate qu'elles sont antécurrentes vers la suture, et que par conséquent le labre ne devait pas porter d'entaille rétrocurrente comme celui de *Nerinea*. Dans ces conditions, la coquille du calcaire grossier de Mons me paraît devoir être plutôt placée auprès de *Trypanaxis*, dont elle ne se distingue que par sa plication columellaire, ou peut-être est-ce même une *Alocaxis*, voisine d'*A. cylindracea*, Desh. qui est précisément à peu près contemporaine d'*H. biplicata*, dans les sables inférieurs de Châlons-sur-Vesle, en France.

NERINEA [1], Defr. 1825.

Forme turriculée; tours superposés, généralement excavés ou au moins presque plans, à sutures saillantes et bordées en-dessus par une bande très étroite, souvent ornés de cordons tuberculeux ou perlés; dernier tour peu élevé, à base déclive ou même un peu creuse. Ouverture subquadrangulaire ou rhomboïdale, terminée en avant par un bec subcanaliculé, ou au moins par un angle aigu, plication très variable, parfois nulle, pouvant atteindre le nombre de 7 plis, soit à l'intérieur du labre, soit sur la columelle, soit enfin sur la région pariétale; plis tantôt lamelleux, tantôt composés, c'est-à-dire étroits à leur base, épanouis ou bifurqués à leur extrémité libre : il y en a ordinairement un de plus à la columelle et sur la base que sur le labre, de sorte qu'à de rares exceptions près le nombre total en est impair.

Nerinea, *sensu stricto*. Type : *N. tuberculosa*, Defr. Raur.

Forme un peu trapue; spire à galbe conique parfois assez allongée ; tours excavés, dont la hauteur n'atteint pas ou ne dé-

[1] L'orthographe exacte est *Nerinea* et non pas *Nerinæa* (étymologie Νηρινή) : c'est d'ailleurs bien ainsi que l'a écrit Defrance.

passe guère les deux tiers de la largeur; dernier tour atteignant parfois le quart de la longueur totale, à base déclive, non ombiliquée; un pli à la columelle, un pli pariétal, un pli au labre, tous trois lamelleux et simples, divisant la coupe de l'ouverture en quatre lobes à peu près égaux; bec bien formé à l'extrémité antérieure de l'ouverture, et correspondant à un canal spiral compris entre le pli columellaire et le plafond de l'ouverture.

Diagnose faite d'après un individu typique de Coulanges-sur-Yonne, (Pl. II, fig. 2), coll. de l'École des Mines; autre individu de Puiseux, dans les Ardennes (Pl. III, fig. 8), coll. du Musée de Lille; coupe d'une espèce plésiotype, *N. Salinensis*, d'Orb., du Portlandien de Noiron, dans la Haute-Saône (Pl. I, fig. 16), coll. du Musée de Dijon.

Observ. — Le type du genre de Defrance a été perdu de vue par la plupart des auteurs, de sorte que, non seulement on a interprété le genre *Nerinea* d'une manière tout à fait différente, mais encore on a identifié l'espèce type avec *N. Defrancei*, Desh. de la Morée : il y a lieu de restituer à l'espèce si répandue dans les couches coralliennes du Rauracien et du Séquanien le nom *tuberculosa*, Defr. et de la considérer comme le véritable type du genre *Nerinea s. s.* Par un hasard singulier, l'espèce à laquelle Rœmer a donné le même nom *tuberculosa* (Nordd. Ool. 1836, p. 144, pl. XI, fig. 29) me paraît identique à la figure donnée par Defrance dans le Dictionnaire des Sciences naturelles (1825, pl. XXXIV, fig. 3), de sorte qu'il ne semble pas nécessaire de donner un autre nom à l'espèce du Hanovre.

La diagnose de Defrance, les figures de son atlas, indiquent, il est vrai, l'existence de trois plis columellaires (y compris le pli pariétal), tandis que, sur tous les exemplaires de *N. tuberculosa* (ainsi que sur toutes les espèces voisines), on ne constate, en réalité, que l'existence d'un pli à la columelle et d'un pli pariétal: il est probable que Defrance, abusé par l'état défectueux de conservation de son échantillon, aura confondu un renflement de la columelle avec un vrai pli. Pour éclaircir ce point douteux, il aurait fallu comparer cet échantillon type de la collection Defrance; malheureusement, il résulte des recherches qu'a bien voulu entreprendre M. Bigot, et de la communication qu'il m'a faite des 15 exemplaires de *Nerinea* que contient actuellement cette collection, léguée à feu Deslongchamps, que le type représentant l'extrémité apicale de *Nerinea tuberculosa* a été égaré : il n'y a, parmi ces exemplaires, qu'un seul échantillon, bien conservé d'ailleurs, d'une couleur rougeâtre, paraissant identique à la figure de *N. tuberculosa*, Rœmer, et dont l'étiquette porte « Cérite d'Allemagne. *Cerith germanicum*, Defr. — Knorr, tab. CVI, sect. II — de Neustadt près de Hanovre. Il est bien possible que Defrance ait fait connaître aux savants allemands que la coquille du Hanovre, dont il possédait un exemplaire, était bien identique à son type de *N. tuberculosa* et que ce soit là l'origine de la coïncidence d'emploi du nom *tuberculosa* par Rœmer.

Quoi qu'il en soit, la désignation du type ne paraît pas douteuse, si l'on s'en rapporte à la figure de l'atlas du Dictionnaire des Sciences naturelles.

Répart. Stratigr.

BAJOCIEN........ Plusieurs espèces lisses et allongées comme des *Nerinella* dans l'Oolite inférieure d'Angleterre (*N. oolitica*, Witchell, *expansa* Hudl., *weldensis*, Hudl.), d'après les figures de la Monogr. Brit. jur. gastr. de M. Hudleston.

BATHONIEN....... Plusieurs espèces lisses, striées ou subtuberculeuses, dans la grande oolite du Boulonnais, de l'Orne et de l'Aisne (*N. bathonica*, Rig. et Sauv., *multistriata*, Piette, *esparcyensis*, Piette, *olinensis* et *præspeciosa*, Cossm. etc...) coll. Rigaux, Legay, Cossmann, Piette, Deslongchamps; en Angleterre (*N. Eudesi*, Morr. et Lyc.), d'après M. Hudleston.

OXFORDIEN....... Une espèce lisse, à Neuvizi dans les Ardennes (*N. Acreon*, d'Orb.), coll. de l'École des Mines.

RAURACIEN....... Outre le type du genre, plusieurs autres espèces dans l'Yonne et dans la Meuse ou dans les Ardennes, dans l'Allemagne du Nord (*N. Castor*, d'Orb., *N. pseudospeciosa*, *sequana*, Thirria, *N. Cæcilia*, d'Orb., *Cynthia*, d'Orb., etc...), d'après les figures de la Paléont. franç. ou les échantillons des Musées de Lille et de Dijon ; en Angleterre (*N. pseudovisurgis*, Hudl. et *Goodhalli*, Sow.), d'après les figures de M. Hudleston dans Geol. Mag.

SEQUANIEN....... Nombreuses espèces dans le Boulonnais, à Tonnerre, dans le Jura bernois, en Autriche, en Suisse et en Sicile (*N. elegans*, Thurm., *posthuma*, Zittel, *Kobyi*, de Lor., *Gagnebini*, de Lor., *Queheneensis*, de Lor., *ursicina*, Thurm., *suprajurensis*, Voltz, *Hoheneggeri*, Peters, *Wimmisensis*, Ooster, *Oppeli*. Gem.), d'après les figures des Monographies de Thurmann, de Loriol, Zittel, Peters, Ooster, Gemmellaro et les échantillons des coll. Rigaux, Legay, Musée de Dijon.

Nerinea

Kimmeridien. . . . Plusieurs espèces dans le Ptérocérien de Valfin ou d'Oyonnax (*N. Thurmanni*, Etallon, *Calliope*, d'Orb., *turbatrix*, de Lor., *incisa*, Etallon, *sculpta*, Etallon, *binodosa*, Etallon, *canaliculata*, d'Orb., etc...), d'après les figures de la Monogr. et d'après la coll. de M. de Loriol.

Portlandien . . . . . Deux espèces, soit dans le Jura, soit dans les Charentes (*N. salinensis* et *santonensis*, d'Orb.), d'après la Paléont. franç. et la coll. du Musée de Dijon.

Neocomien . . . . . . Plusieurs espèces dans le Valangien du Jura (*N. marcousana*, d'Orb., *valdensis*, Pict., et Camp., *Meriani*, *Etalloni*, Pict. et Camp.), d'après les figures de la Paléont. franç. et de la Monographie de Sainte-Croix.

Urgonien . . . . Plusieurs espèces, soit à Orgon (*N. renauxiana*, d'Orb.), coll. de l'École des Mines et de l'Institut cathol. ; soit en Algérie, soit dans le Jura suisse (*N. coquandiana*, d'Orb., *vogliana*, Mortillet, *crozetensis*, Pict. et Camp. etc...), d'après la Paléont. franç. et la Monographie de Sainte-Croix ; dans le Gard et le Portugal (*N. gigantea*, d'Hombre-Firmas), d'après d'Orbigny et Sharpe ; en Espagne (*N. Archimedis*, d'Orb.), d'après le Synopsis de Mallada, etc...

Aptien. . . . . Une espèce bien caractérisée à Sainte Croix (*N. aptiensis*, Pict. et Camp.) d'après la Monographie susdite ; autre espèce en Espagne (*N. Chloris*, Coq.), d'après le Synopsis de Mallada.

Albien. . . . . Une espèce dans le Gault de la Perte du Rhône (*N. gaultina*, Pict. et Camp.), d'après la Monographie de Sainte-Croix.

Cenomanien . . . . . Une espèce certaine à l'Ile d'Aix (*N. aunisiana*, d'Orb.), d'après la Paléont. franç. et les échantillons des coll. Chaper et Arnaud ; deux espèces en Algérie et en Tunisie (*N. bicatenata* et *gemmifera*, Coq.), d'après l'Explor. scient. de la Tunisie par M. Péron.

Turonien. . . . . Une espèce bien caractérisée dans les marbres blancs de Syrie (*N. berytensis*), d'après l'ouvrage de Blanckenhorn ; plusieurs espèces dans les couches de Gosau (*N. incavata*, Bronn, *flexuosa*, Sow.), d'après les figures de la Monogr. de Zekeli.

Senonien. . . . . Une espèce dans les Charentes et le Var (*N. bisulcata*, d'Arch.), d'après la Paléont. franç. et les échantillons de ma coll. ; autre espèce dans l'Inde (*N.*

Nerinea
blanfordiana, Stol.), d'après la Paléont. de l'Inde méridionale, par Stoliczka ; autre espèce au Mexique (*N. Schotti*, Conr.), d'après les figures du geol. Report de Conrad.

ACROSTYLUS [1], *nov. sect.* Type : *Ner. trinodosa*, Voltz. Portl.

Forme pupoïde; spire dimorphe, d'abord styliforme au sommet, puis extraconique, et enfin à galbe conoïdal sur les cinq ou six derniers tours ; tours nombreux, les premiers étroits et excavés sur la partie effilée de la spire, les suivants partiellement convexes, séparés par des sutures linéaires et superficielles, au-dessus desquelles est une bande assez large que limite une strie imperceptible ; avant-dernier tour, dont la hauteur atteint les trois quarts de la largeur, orné de trois rangs inégaux de nodosités obsolètes, celles du haut plus saillantes et séparées des autres rangs par une rainure assez profonde. Dernier tour imperforé à la base; ouverture rhomboïdale ; pli du labre très saillant, formant sur le moule interne une large et profonde rainure aux trois cinquièmes de la hauteur; plis columellaire et pariétal saillants et écartés, le premier plus épais.

Diagnose faite d'après un échantillon typique de Lods dans le Jura (Pl. III, fig. 7), coll. de la Faculté des sciences à Besançon ; autre échantillon, dont une coupe, de Noiron dans la Haute-Saône (Pl. III fig. 5-6), coll. du Musée de Dijon.

Rapp. et diff. — Le dimorphisme de cette coquille, très imparfaitement indiqué sur la figure de la Paléontologie française, est un caractère bien spécial, qui me décide à proposer pour elle une nouvelle section, bien qu'il n'y en ait, jusqu'à présent, aucun autre représentant connue dans la série des terrains secondaires : l'extrémité de la spire présente, en effet, un aspect proboscidiforme, tout à fait inattendu dans le genre *Nerinea ;* si l'on y ajoute l'ornementation particulière des tours de spire, la largeur anormale de la bande suturale, on admettra que l'animal qui habitait cette coquille présentait probablement, comparativement aux véritables *Nerinea*,

[1] Ἄκρος, sommet ; στῦλος, colonne.

quelques différences qui justifient la séparation de la nouvelle section que je viens de proposer. *Acrostylus trinodosus* est, d'ailleurs, une coquille dont on ne trouve, pour ainsi dire, jamais d'individu bien complet, muni de son test : sur plus de trente échantillons que j'ai eus sous les yeux, pour composer la diagnose ci-dessus, il n'y en a que trois qui aient des fragments plus ou moins longs de leur appendice styliforme, et cet appendice manque précisément sur l'individu un peu plus frais que j'ai photographié pour les caractères de la surface, tandis que celui que je reproduis pour sa colonne longue de près de 1 centimètre a la surface dans un état pitoyable ; une coupe assez nette fait voir la plication interne.

Répart. Stratigr.
PORTLANDIEN..... L'espèce type assez fréquente dans le Jura et la Haute-Saône.

MELANIOPTYXIS, *nov. sect.* Type : *Ner. Altararis*, Cossm. Bath.

Taille moyenne; forme conique; spire allongée, un peu étagée; tours généralement lisses, parfois ornés de fines stries spirales, séparés par une étroite rampe coïncidant avec la bande suturale; dernier tour arrondi ou à peine anguleux à la périphérie de la base, qui est ovale et convexe. Ouverture en secteur elliptique, subcanaliculée en avant; labre droit, presque vertical, à peine arqué en arrière, portant un fort pli spiral vers le quart antérieur de sa hauteur; columelle droite, à peine infléchie en avant, faisant en arrière un angle de 130 à 140° avec la base de l'avant-dernier tour, munie d'un pli antérieur très oblique et peu saillant; le pli pariétal est bien rarement visible et devient très obsolète près de l'ouverture des individus adultes.

Diagnose faite d'après un individu typique de Montarlot, dans la Haute-Saône (Pl. IV, fig. 10), coll. du Musée de Dijon.

Rapp. et diff. — Cette forme s'écarte tellement du type des *Nerinea*, qu'il me paraît nécessaire de l'en distinguer, au moins à titre de section : ses tours lisses ou à peine striés, non excavés, mais un peu étagés, sa bande suturale confondue avec la rampe, sa base ovale, son ouverture en secteur, non rhomboïdale, lui donnent un peu l'aspect des *Pseudomelania ;* mais, outre qu'elle possède un bec subcanaliculé comme les *Nerineidæ*, elle porte un pli très saillant au labre, et deux autres plis qui, quoique peu apparents près de l'ouverture, sont manifestement visibles sur les coupes transversales des premiers tours.

Répart. Stratigr.

Bajocien........	Deux espèces probables en Angleterre (*N. expansa* et *subglabra*, Hudl.), d'après la Monogr. Brit. jur. Gastr. de M. Hudleston.
Bathonien.......	Plusieurs espèces, outre le type, dans les Ardennes, dans l'Orne et en Angleterre (*N. Archiaci*, d'Orb., *N. quincuncialis*, Cossm., *N. Sharmanni* (Rig. et Sauv.) Musées de Lille et de Dijon, Coll. Cossmann, Deslongchamps, Piette, Rigaux, etc.

Diozoptyxis [1], *nov. subgen.* Type : *Ner monilifera*, d'Orb. Cénom.

Forme trapue, conique ; spire turriculée ; tours nombreux, très étroits, en gradins, dont la hauteur ne dépasse guère le quart de la largeur, ornés de deux rangs de tubercules arrondis, la rangée du bas plus saillante, étageant les sutures ; dernier tour peu élevé, arrondi à la périphérie de la base, qui est à peine convexe, déclive à 90° avec le profil de la spire, et perforée au centre d'un étroit entonnoir ombilical. Ouverture quadrangulaire, bien plus large que haute, subcanaliculée à la base ; un pli spiral très saillant à l'intérieur du labre, entre les deux rangs de tubercules de la surface externe ; deux plis columellaires, pas de pli pariétal.

Diagnose faite d'après un échantillon typique du Mans (Pl. II, fig. 5), coll. du Musée de Nantes.

Rapp. et diff. — Les espèces de ce groupe ont été, jusqu'à présent, confondues avec les véritables *Nerinea* : elles s'en distinguent cependant par la forme tout à fait déprimée de leurs tours de spire et de leur ouverture, par leurs rangées de nodosités serrées, par la position de leurs plis columellaires très rapprochés, enfin surtout par leur perforation ombilicale qui ressemble un peu à celle de *Ptygmatis*, dont les écarte cependant leur plication et leur ornementation. Il paraît donc nécessaire d'intercaler un nouveau sous-genre entre *Nerinea* et *Ptygmatis*, et impossible d'admettre le classement proposé par Pictet qui place *N. monilifera* dans son genre *Cryptoplocus*.

[1] Δι, deux ; ὄζος, nœud ; πτυξις, pli.

Répart. Stratigr.

CENOMANIEN..... L'espèce type dans la Sarthe, d'après la Paléont. franç.; coll. du Musée de Nantes ; ma coll.

TURONIEN....... Une espèce typique dans le Vaucluse, les Bouches-du-Rhône et l'Aude (*N. pailletteana*, d'Orb.), d'après les figures de la Paléont. franç. et les moules internes de ma coll.

SENONIEN........ Une espèce probable dans la Charente (*N. marrotiana*, d'Orb.), d'après les figures de la Paléont. franç. qui n'indiquent pas d'ombilic ?

PTYGMATIS, Sharpe 1849 (*ex parte*).

Type : *N. bruntrutana*, Thurm. Séq.

Forme tantôt conique et trapue, tantôt étroite et cylindracée ; spire relativement courte, à galbe quelquefois conoïdal ; tours plans ou faiblement excavés, souvent étagés sur la suture, et dont la hauteur atteint à peine la moitié de la largeur, lisses dans la plupart des espèces, ou ornés de quelques cordons spiraux, et rarement de tubercules obsolètes ; dernier tour peu élevé, anguleux ou caréné à la périphérie de la base qui est toujours ombiliquée ; ombilic assez étroit, circonscrit par un angle aigu, sans bourrelet. Ouverture subquadrangulaire, à bec antérieur plus ou moins marqué ; labre presque droit, muni d'un pli saillant sous la carène basale, et d'un renflement très obsolète à peu de distance de l'échancrure suturale; columelle portant deux lamelles transversales, l'antérieure plus saillante ; un troisième pli pariétal, plus écarté, sur la base ; ces plis tendent à s'élargir et à se bifurquer à leur extrémité libre, de sorte que les six lobes principaux qui représentent la coupe transversale de la cavité de la coquille se subdivisent souvent, et qu'on peut en compter 7, 8 ou 9.

Diagnose refaite d'après un échantillon de l'espèce type provenant de l'Oxfordien des Ardennes (Pl. II, fig. 3), coll. de l'École des Mines ; et d'après un plésiotype de l'étage Ptérocérien du Jura, *N. carpathica*, Zeuschner (Pl. II, fig. 4), coll. de l'École des Mines.

Rapp. et diff. — Si l'on restreint le sous-genre *Ptygmatis* aux formes du même groupe que *N. bruntrutana*, c'est-à-dire l'espèce que Sharpe avait en vue quand il l'a proposé, si l'on en exclut les formes étroites, non ombiliquées, qui n'ont d'autre affinité avec cette espèce que leurs plis compliqués, on trouve que ce sous-genre très homogène se distingue facilement des véritables *Nerinea*, non seulement par l'existence d'un ombilic, et par le nombre des plis au bord columellaire et au labre, mais encore par l'accroissement plus lent de la spire et par les proportions plus courtes du dernier tour : il y a là un ensemble de caractères qui justifient amplement l'admission de *Ptygmatis*. Quant à l'application de ce nom au second B des deux groupes indiqués par Sharpe, dans son étude sur les Nérinées du Portugal (p. 108), et dont le premier A contient des espèces imperforées et étroites, appartenant à une tout autre section, je ne crois pas qu'il puisse y avoir de doute : attendu que Sharpe a lui-même pris le soin de donner préalablement (p. 184, fig. 4) la coupe de N. *bruntrutana* comme type de *Ptygmatis*.

Répart. Statigr.

BATHONIEN....... Une espèce probable dans le Calvados, quoique les auteurs ne lui attribuent que trois plis (*N. Voltzi*, Desl.) ; mais l'ouverture du type unique est très mutilée, coll. Deslongchamps.

OXFORDIEN....... L'espèce type à Wagnon (Ardennes), coll. de l'École des Mines.

RAURACIEN....... Outre le type dans le Jura bernois et dans la Meuse, plusieurs autres espèces, soit dans le Jura (*P. crassa*, Etallon, *mirabilis*, de Lor.), d'après la Monogr. de Loriol ; soit dans l'Yonne (*Ner gradata* et *dilatata*, d'Orb.), d'après la Paléont. franç.

SEQUANIEN....... Outre le type, à Tonnerre, plusieurs espèces voisines, soit à Tonnerre, soit dans la Haute-Marne, soit en Autriche et dans le Frioul ou en Sicile (*P. curmontensis*, de Lor. *carpathica*, Zeuschner, *salomoniana* Cotteau, *pseudobruntrutana*, Gemmell.), d'après les Monogr. de MM. de Loriol, Gemmellaro, Pirona et Zittel (*Ner Haueri* et *planenensis*, Peters), d'après la Monogr. de Peters.

KIMMERIDIEN..... Plusieurs espèces à Valfin, dans le sous-étage Ptérocérien (*P. carpathica*, Zeuschner, *Nogreti*, Guir. et Ogér.), d'après la Monogr. de M. de Loriol ; dans le Hanovre (*P. Mandelshohi*, Bronn), d'après Zittel.

PORTLANDIEN..... Une espèce près de Salins, confondue par d'Orbigny avec le type (*P. erronea*, Zittel 1873 = *P. orbignyana*, Thurm. *in* Contejean 1859 [1]), d'après la Paléont. franç.

[1] La correction faite par Contejean, en 1859, bien avant celle de Zittel, ne peut être

Nerinea

NEOCOMIEN....... Une espèce douteuse dans le sous-étage Valangien du Jura (*Ner. cyathus*, Pict. Camp.) désignée comme *Ptygmatis*, par Pictet, qui indique cependant que les tours se recouvrent sur la moitié de leur hauteur : s'il en était ainsi, cette espèce appartiendrait plutôt au sous-genre *Phaneroptyxis*.

CENOMANIEN...... Une espèce subcylindrique et subombiliquée, à tours étroits, dans la Charente-Inférieure (*Ner Fleuriausa*, d'Orb.), coll. Arnaud ; cette espèce existerait aussi en Syrie dans les sables à Rudistes, d'après Blanckenhorn ; autre espèce probable dans le Quadersanstein des environs de Dresde (*N. Geinitzi*, Goldf.), d'après la figure de Geinitz.

TURONIEN........ Une espèce bien caractérisée, sauf que l'ombilic est à peu près clos (*N. Requieniana*, d'Orb.), dans l'Aude, les Bouches-du-Rhône, d'après la Paléont. franç., et dans la Charente (Pl. IV, fig. 2), coll. Arnaud ; autre espèce voisine dans le Provincien de la Charente (P. *carentonensis*, Cossm., fig. 3), deux espèces faiblement ombiliquées dans les couches de Gosau (*N. turritellaris*, Munst., *Buchi*, Zek.), d'après la Monogr. de Zekeli et les échantillons de ma coll. ; autre espèce de grande taille, cylindracée et peu ombiliquée, à Gosau (*N. nobilis*, Munst.), d'après la Monogr. de Zekeli.

SENONIEN........ Une espèce probable, mais peu ou point ombiliquée dans la Craie supérieure de Syrie (*N. abundans* Blanck.)

Il résulte de ce qui précède que le faciès des *Ptygmatis* tend à se modifier à la fin de la période crétacique, ou que tout au moins une subdivision apparaît dans le Cénomanien, caractérisée par sa forme cylindracée et par le rétrécissement de l'ombilic.

APHANOPTYXIS [1], *nov. subgen.*

Type : *Cerithium Defrancei*, Desl. Bath

Forme trapue, conique, turriculée ; tours concaves, dont la hauteur atteint les deux tiers de la largeur, à sutures saillantes,

admise, attendu qu'il existait, dès 1855, une *N. orbignyana*, Piette : mais elle met en lumière un autre double emploi, successivement commis par Zeuschner et Gemmellaro qui ont donné le nom *Orbignyana* à deux autres espèces ; celle de Zeuschner devra porter le nom *mutata*, *nobis*; quant à l'autre, Gemmellaro a lui-même proposé de remplacer sa dénomination par *pudica*.

[1] Αφανος, non apparent ; πτυξις, pli.

ornés de filets spiraux ; dernier tour caréné à la périphérie de la base, dont la perforation ombilicale est entièrement recouverte par le bord columellaire. Ouverture à peu près carrée, terminée par un bec court ; labre peu incliné, dénué de pli ; bord columellaire calleux, sans lamelle ni pli pariétal.

Diagnose établie d'après le type d'Hidrequent (Pl. II, fig. 6), ma coll.

Rapp. et diff. — L'absence complète de plis ou de lamelles spirales ne me permet pas de rapporter cette coquille aux véritables *Nerinea*, dont elle a un peu la forme ; d'autre part, quoique la perforation ombilicale soit indiquée sous le bord columellaire, elle est toujours hermétiquement close par lui et n'a pas l'aspect du large entonnoir des *Cryptoplocus*, dont l'ouverture est d'ailleurs dénuée du bec qui existe chez *Cerith. Defrancei*, et est munie d'un pli pariétal absent dans notre sous-genre *Aphanoptyxis*. L'existence d'une bande suturale bien visible, et en outre l'ornementation des tours de spire, ne permettent pas davantage de le rapprocher des *Cerithium*, ni des *Pseudonerinea* qui ont du reste l'ouverture entière à la base.

C'est pourquoi j'ai proposé ce nouveau sous-genre, qui occupe, par rapport à *Nerinea* (*s. s.*), la même situation que *Aptyxiella* par rapport à *Nerinella*. L'espèce type a été décrite comme *Cerithium* par Deslongchamps, dans les Mém. de la Soc. linn. de Normandie (1842) et placée ensuite par d'Orbigny dans son genre *Chemnitzia* qui contient une quantité de formes hétérogènes, et enfin par moi, en 1885, dans le genre *Cryptoplocus*.

Répart Statigr.

BATHONIEN	Une espèce, type du sous-genre, dans le Boulonnais, l'Aisne, la Normandie, coll. Cossmann, Piette, Deslongchamps.
RAURACIEN	Une espèce probable dans la Meuse (*N. substriata*, d'Orb.), d'après la Paléont. française.

NERINELLA, Sharpe 1849 (*extens*).

Forme généralement étroite, subcylindrique ; spire très longue, tours dont la hauteur égale ou dépasse même la largeur, généralement excavés, séparés par des sutures plus ou moins obliques et toujours saillantes, lisses ou ornés de bandelettes spirales parfois perlées : dernier tour anguleux à la périphérie de la base qui est excavée et imperforée. Ouverture quadrangulaire, terminée en avant par un bec long et un peu incurvé, à plication très variable.

NERINELLA, *sensu stricto*. Type : *N. Dupiniana*, d'Orb. Néoc.

Forme aciculée ; spire pointue, presque toujours dimorphe, les premiers tours étant plus excavés, moins élevés et même plus étagés que les derniers qui ont une tendance à devenir plans ; ornementation habituellement formée de cordonnets spiraux, tantôt lisses, tantôt finement granuleux, particulièrement celui qui est situé au milieu de chaque tour ; sutures placées sur une arête saillante qui fait ressortir l'évidement des tours ; dernier tour assez élevé, à base obliquement déclive, limitée par un bourrelet subanguleux ou par une carène aiguë.

Ouverture plus ou moins étroite, toujours rhomboïdale ; labre obliquement incliné à gauche de l'axe, du côté antérieur, sinueux et rétrocurrent vers la suture, invariablement muni d'un pli interne situé un peu au-dessous de l'angle périphérique de la base ; columelle droite, munie d'une lamelle pariétale généralement bien visible, et d'un pli antérieur souvent plus obsolète ou confondu avec le coude que fait la columelle, au bord du bec subcanaliculé qui termine l'ouverture à la base : au total, trois plis paraissant quelquefois se réduire à deux ou même à un seul, par suite d'une saillie insuffisante de l'un ou de deux d'entre eux.

Diagnose refaite d'après un plésiotype de l'étage Hettangien de la Vendée, *N. Grossouvrei*, *nob.* (Pl. II, fig. 9-11). Coll. Chartron ; autre plésiotype du Rauracien, *N. tornatella*, Voltz, de Châtel-Censoir (PL. III, fig. 11-12), coll. Péron.

Observ. — La plupart des auteurs ont considéré *Nerinella* soit comme synonyme de *Nerinea*, soit comme une coupe mal définie ; je l'ai moi-même inexactement interprété dans une précédente étude sur l'étage Bathonien (1885) ; M. Hudleston s'est davantage rapproché de la réalité, en désignant (1890) sous ce nom la plupart des *Nerinea* de l'Oolite inférieure qui n'ont qu'un petit nombre de plis. Je crois être actuellement arrivé à une délimitation plus rationnelle en étendant un peu l'acception primitive de Sharpe, le créateur de cette coupe; le type que cet auteur avait en vue est indiqué à la page 103, où il donne (fig. 2) la coupe d'une *N. Dupiniana* privée de son pli columellaire antérieur, plutôt qu'à la page 107, où il admet 3 subdivisions de *Nerinella;* A — columelle simple, B — columelle avec un pli, C — structure interne imparfaitement connue. D'ailleurs, en 1849, à l'époque où il a fait paraître son mémoire sur les Nérinées du Portugal, Sharpe n'avait à sa disposition que la Paléontologie française des terrains crétacés, et fort peu de documents sur les *Nerinea* jurassiques, dont la découverte plus récente confirme précisément l'interprétation que je propose d'admettre pour son genre.

Rapp. et diff. — Les *Nerinella* se distinguent des *Nerinea* principalement par leur aspect baculiforme ou aciculé, par leurs tours plus nombreux et surtout plus élevés, par leur bec plus canaliculé à la base de l'ouverture, par le système d'ornementation bien différent de leurs tours de spire. Je ne fais pas entrer en comparaison le nombre des plis qui est le même et dont la position est à peu près identique dans *Nerinea* et *Nerinella* d'une part, chez *Ptygmatis* et *Bactroptyxis* d'autre part, ni leur absence complète qui caractérise aussi bien *Aphanoptyxis* que *Aptyxiella;* cette plication variant dans les deux genres d'une manière parallèle, il en résulte qu'on ne peut y attacher que la valeur d'un caractère de sous-genre, tandis que c'est par l'ensemble des autres caractères distinctifs que peut se justifier la séparation bien nette à faire entre les deux genres en question.

Répart. Stratigr.

HETTANGIEN ..... Le plésiotype ci-dessus, en Vendée, coll. Chartron, autre espèce dans les calc. gris des Alpes méridionales (*Aptyxiella noriglienis*, Tausch), d'après la figure donnée par l'auteur.

CHARMOUTHIEN... Une espèce nouvelle, dans les Deux-Sèvres, coll. Janet; sera ultérieurement décrite dans « Contrib. à la Pal. fr. terr. jur. II. »

BAJOCIEN........ Plusieurs espèces à plication variable en apparence, dans l'Oolite inférieure d'Angleterre (*N. gracilis*, Lyc., *deducta*, Hudl., *altivoluta*, Witchell, *cingenda*, Phill. etc...), d'après la Mon. de M. Hudleston.

BATHONIEN ...... Nombreuses espèces dans la grande Oolite du Pas-de-Calais, de la Normandie, des Ardennes, de la Côte-d'Or et de la Haute-Saône, ainsi qu'en Angleterre (*N. scalaris*, d'Orb., *acicula*, d'Arch., *funiculifera* Piette, *pseudocylindrica*, d'Orb., *pseudopunctata*, Cossm., *Buvignieri*, Piette, *pectinata*, Piette, *elegantula*, d'Orb., *Cerith. Dufrenoyi*, d'Arch. etc...), d'après

Nerinella

la Paléont. franç. et la Monogr. de M. Cossmann, coll. Cossmann, Deslongchamps, Piette, Rigaux, Musée de Dijon, etc...

OXFORDIEN ...... Une espèce à Trouville (*N. Allica*, d'Orb.), d'après la Paléont. franç.

RAURACIEN ...... Nombreuses espèces dans la Meuse et dans l'Yonne (*N. subcylindrica*, d'Orb., *canaliculata*, *Jollyana*, *cottaldina*, *turriculata*, *subtricincta*, *ornata*, d'Orb., etc...), d'après la Paléont. franç. coll. de l'École des Mines, du Musée de Dijon, etc.

SEQUANIEN ...... Nombreuses espèces dans les Charentes, la Haute-Marne, l'Yonne et le Jura (*N. elatior*, *altenensis*, *Mariæ*, d'Orb.), d'après la Paléont. franç., coll. Beltrémieux, Janet, ma coll. Musée de Dijon (*N. pseudospeciosa*, de Lor., *elegans*, Thurm., *scalata*, Voltz, *Greppini*, de Lor.), d'après la Monogr. de M. de Loriol sur le Jura bernois ; en Autriche (*N. Hoheneggeri*, Peters, *cochleoides* Zittel), d'après les Monogr. de Peters et Zittel sur les couches de Stramberg ; plusieurs espèces dans le Boulonnais (*N. salagea*, *Cyane*, *banniensis*, de Lor.), d'après la Monogr. de MM. de Loriol et Pellat ; autre espèce dans le Frioul (*N. Taramellii*, Pir.), d'après la Monogr. de Pirona.

KIMMERIDIEN..... Plusieurs espèces dans le sous-étage Ptérocérien de Valfin et d'Oyonnax (*N. Bernardiana*, *Calliope*, d'Orb., *Chantrei*, de Lor., *turritella*, Voltz), d'après la Monogr. de M. de Loriol : dans la Meuse et le Jura *N. contorta*, Buv.), d'après l'Atlas de Buvignier et d'après de Loriol ; plusieurs espèces dans le Virgulien du Doubs (*N. styloidea*, *Mustoni*, Contejean), d'après la Monogr. des environs de Montbéliard par Contejean.

PORTLANDIEN..... Deux espèces dans le Jura et la Haute-Saône (*N. Erato*, d'Orb., *cylindrica*, Voltz), d'après la Paléont. franç. ; autre espèce dans la Meuse (*N. bacillaris*, Buv.), d'après l'Atlas de Buvignier ; une espèce dans l'Yonne (*N. vallonia*), d'après la Monogr. de MM. de Loriol et Cotteau.

NEOCOMIEN ...... Plusieurs espèces dans la Haute-Marne, l'Yonne et le Jura (*N. Royeriana*, *Dupiniana*, *matronensis*, d'Orb.), d'après la Paléont. franç. ; dans le Valangien de la Suisse (*N. lobata*, d'Orb., *funifera*, Pict. et Camp.), d'après la Monogr. de Sainte-Croix.

Nerinella

URGONIEN .... Une espèce dans le Jura suisse (*N. orbensis*, Pict. et Camp.), d'après la Monogr. de Sainte-Croix ; autre espèce dans l'Urg-aptien d'Utrillas, en Espagne (*N. subflexuosa. nob. non flexuosa*, Sow.), d'après le Synopsis de Mallada.

APTIEN.......... Une espèce à peu près certaine dans les sables ligniteux d'Utrillas, en Espagne (*N. Utrillasi*, Vern. et de Lor.), d'après le Synopsis de Mallada.

CENOMANIEN ..... Une espèce dans les couches superposées au banc de Trigonies, en Syrie (*N. Shicki*, Fraas), d'après la figure de Blanckenhorn.

TURONIEN .... Une espèce dans la Charente (*N. subæqualis*, d'Orb.), d'après la Paléont. franç.; individu avec test du Provencien de Châteauneuf (Pl. IV, fig. 1), coll. Arnaud; trois espèces dans les couches de Gosau (*N. flexuosa*, Sow., *granulata*, Munst., *gracilis*, Zek.), d'après la Monogr. de Zekeli.

SENONIEN........ Une espèce douteuse dont la plication n'est pas indiquée (*N. subpulchella*, d'Orb.), d'après la Paléont. franç.

Il résulte de ce qui précède que les *Nerinella* sont beaucoup plus rares dans le Crétacé supérieur que les véritables *Nerinea*, mais qu'elles apparaissent bien auparavant, dès la base du Lias : c'est encore un motif de plus pour distinguer les deux genres.

BACTROPTYXIS [1], *nov. subgen.* Type : *Ner. implicata*, d'Orb. Bath.
(= *Ptygmatis auct. ex parte*)

Forme d'une baguette cylindrique ; spire tellement allongée qu'on n'en recueille jamais que des fragments ; tours dont la hauteur dépasse la largeur, évidés ou aplatis, séparés par une suture située sur une fine arête saillante, lisses ou simplement ornés de stries spirales ; dernier tour peu élevé, caréné à la périphérie de la base. Ouverture étroite, rhomboïdale ; labre droit, muni à l'intérieur de deux ou trois plis, celui du milieu presque toujours subdivisé, celui du bas parfois très obsolète ; columelle un peu concave, munie de trois plis, auxquels il faut généralement ajouter un faible pli pariétal ; le pli antérieur est le

[1] Βακτρον, bâton ; πτυξις, pli.

plus compliqué et le plus saillant, il contribue à limiter le canal antérieur de l'ouverture ; la coupe transversale de celle-ci présente 7 ou 9 lobes, selon que les plis sont simples ou composés.

Diagnose établie d'après un individu de l'espèce type d'Hidrequent (Pl. III, fig. 13), coll. Rigaux ; autre individu du même gisement (fig. 14), ma coll.

Rapp. et diff. — Malgré la similitude du nombre et de la disposition de leurs plis, il n'est pas possible de classer dans le même genre *Ptygmatis* et *Bactroptyxis*, à cause de leur faciès absolument différent : les premières ont un ombilic et des tours étroits, un bec très court à la base de l'ouverture, tandis que les coquilles baculiformes que je propose de séparer de *Ptygmatis s. s.* ont la base imperforée, les tours à peu près carrés, un canal bien formé, ce qui permet de les distinguer même des *Ptygmatis* moins trapues et subcylindriques qu'on trouve dans le Crétacé supérieur. Enfin les plis eux-mêmes ne sont jamais aussi nombreux ni aussi compliqués chez *Ptygmatis* que dans la plupart des *Bactroptyxis*, de sorte que le nombre des lobes de la coupe transversale est toujours moindre.

Répart. Stratigr.

Bajocien........	Deux espèces dans la Meurthe-et-Moselle (*Ner. Lebruniana*, d'Orb., *Jonesi*, Lyc.), coll. Gaiffe et Bleicher ; plusieurs espèces ou variétés dans l'Oolite inférieure d'Angleterre (*N. Guisei*, Witchell, *campana*, Hudl., *pisolithica*, Witchell, *xena*, Hudl, *Jonesi*, Lyc., *producta*, Witchell, *oppelensis*, Lyc., etc.), d'après la Monogr. de Brit. jur. gastr., par M. Hudleston.
Bathonien	Plusieurs espèces, outre le type, dans le Boulonnais, le Calvados, l'Aisne, la Haute-Saône (*N. bacillus*, d'Orb., *trachæa*, Desl., *funiculosa*, Desl., *axonensis*, d'Orb.), d'après la Paléont. franç., coll. Rigaux, ma coll. musée de Dijon, coll. Deslongchamps ; autre espèce dans la grande Oolite d'Angleterre (*N. complicata*, Witch.), d'après le catalogue de Hudleston et Wilson.
Rauracien.......	Une espèce dans la Meuse et l'Yonne (*N. Clio*, d'Orb.), d'après la Paléont. franç. ; autre espèce dans le Jura bernois, confondue avec *N. contorta*, par M. Greppin ; une espèce à Nattheim, en Allemagne (*N. teres*, Goldf.), d'après Zittel.
Sequanien	L'espèce rauracienne dans le Jura bernois (*N. Clio*),

d'après M. Greppin; autre espèce dans les couches de Stramberg (*N. crebriplicata*, Zittel), d'après la Monogr. de Zittel, plusieurs espèces, dont une sénestre, en Sicile et dans le Frioul (*N. Beneckei*, *Petersi*, *sinistrorsa*, Gem.), d'après les Monogr. de de Gemmellaro et de Pirona.

KIMMERIDIEN..... Une espèce dans le sous-étage Ptérocérien du Jura et de l'Ain (*N. Cassiope*, d'Orb.), d'après la Paléont. franç.; l'espèce rauracienne (*N. Clio*), d'après la Monogr. de M. de Loriol, sauf vérification.

Il résulte de ce qui précède que les *Bactroptyxis* ont une extension géographique et surtout stratigraphique bien moindre que les véritables *Ptygmatis*.

APTYXIELLA, Fischer 1885. *Ner. sexcostata* d'Orb. Séq.

(= *Aptyxis*, Zittel 1873, *non* Troschel 1868; = *Pachystylus*, Gemm, 1878, *non Pachystyla*, Mörch 1852, *nec Pachystylus*, Woll. Col. 1873).

Forme d'une alêne; spire très allongée, aiguë, à tours carrés ou plus hauts que larges, ornés de filets spiraux, séparés par des carènes saillantes, sur lesquelles est la bande suturale et sous lesquelles est la suture un peu en retrait; base imperforée, très excavée. Ouverture quadrangulaire; labre vertical, rétrocurrent sur la carène postérieure; columelle droite, faisant un angle de 120 à 130° avec la base de l'avant-dernier tour, se terminant en pointe effilée contre le bec antérieur, dénuée de plis ainsi que la base; les moules internes montrent, sur les premiers tours, une rainure obsolète qui semblerait indiquer l'existence d'une légère saillie spirale à l'intérieur du labre : mais cette rainure s'efface sur les derniers tours, dont le moule présente au contraire des traces de cordonnets saillants (2 ou 3) qui indiqueraient que la paroi interne du labre est faiblement sillonnée.

Diagnose refaite : d'après une contre-empreinte d'un échantillon de l'espèce type (Pl. III, fig. 7), provenant des Minimes, à la Rochelle, coll. Beltrémieux; et d'après le moule interne d'une espèce plésiotype *N. rupellensis*, d'Orb. de la Rochelle (Pl. III, fig. 10), coll. Beltrémieux.

Rapp. et diff. — D'après la diagnose primitive, ce sous-genre ne différerait des véritables *Nerinella* que par l'absence de plis, tant à la columelle qu'au labre, et par son ornementation non perlée, exactement comme *Aphanoptyxis* par rapport à *Nerinea;* en effet, même quand l'un des plis des *Nerinella*, celui du labre, n'est pas visible à l'ouverture, le pli columellaire et le pli pariétal sont généralement bien apparents, et en tous cas le moule interne de la coquille en porte la trace. Chez *Aptyxiella*, au contraire, ces deux derniers plis manquent absolument, ainsi que j'ai pu le constater; mais le labre n'en est pas démuni à tout âge, car il me paraît bien établi qu'il existe toujours un faible pli spiral sur la paroi interne des premiers tours, et que ce pli s'efface avec l'âge, soit complètement (*A. sexcostata*), soit pour être remplacé par des rainures obsolètes dont l'intervalle serait formé précisément par l'aplatissement progressif du pli (*A. rupellensis*) : ce caractère n'avait pas échappé à d'Orbigny qui l'a indiqué sur la figure 3 de la Pl. 271, dans la Paléontologie française.

Répart. Stratigr.

Rauracien	Plusieurs espèces probables dans la Meuse, l'Yonne, ou à Nattheim en Allemagne (*N. substriata*, d'Orb., *planata*, Quenst., *subcochlearis* Munst.), d'après Zittel dans sa Monogr. Gastr. Stramberger Schichten.
Sequanien	Deux espèces certaines dans la Charente-Inférieure (*N. sexcostata*, d'Orb. et *rupellensis*, d'Orb.), coll. Beltrémieux.
Kimmeridien	Plusieurs espèces typiques dans le sous-étage Ptérocérien de Valfin et d'Oyonnax (*A. valfinensis*, de Lor., *N. retrogressa*, Etall., *A. Etalloni*, de Lor.), d'après la Monogr. de M. de Loriol.
Portlandien	Une espèce douteuse dans le Boulonnais (*Turritella Sæmanni*, de Lor.), d'après Zittel, quoique la figure de la Monogr. de M. de Loriol n'indique pas si les stries d'accroissement font un sinus rétrocurrent près de la suture.
Neocomien	Une espèce probable dans le sous-étage infravalanginien du Portugal (*A. infravalanginiensis*, Choffat), d'après la Monogr. crétacique de M. Choffat.

TROCHALIA, Sharpe 1849.

Forme conique, largement ombiliquée ; spire à galbe plus ou moins extraconique, à tours étroits, parfois sillonnés ; base du dernier tour un peu convexe, non carénée à la périphérie de l'ombilic ; ouverture quadrangulaire, dénuée de bec à l'angle supérieur de droite.

TROCHALIA, *sensu str.* Type : *Ner. annulata*, Sharpe. Crét.

Forme trochoïde ; tours lisses, souvent un peu évidés ; labre épaissi à l'intérieur, ou même portant un pli aux deux tiers de sa hauteur ; bord columellaire lisse, ou muni d'un pli situé assez bas, non pariétal cependant.

Diagnose refaite d'après des échantillons imparfaits d'une espèce plésiotype, *Ner. patella*, Piette, du Bathonien de Rumigny (Pl. II. fig. 7-8), coll. Piette.

Observ. — Malgré l'opinion exprimée par M. de Loriol (Boulonnais, 1874, p. 62), je ne puis considérer *Trochalia* comme absolument synonyme de *Cryptoplocus* : il est exact que le genre *Trochalia* de Sharpe comprend un amalgame de coquilles ombiliquées qui n'appartiennent évidemment pas à la même coupe sous-générique; mais Pictet ayant nettement indiqué que son genre *Cryptoplocus* est caractérisé par l'existence d'un pli pariétal seulement, il faut retenir la dénomination *Trochalia* pour les espèces qui ont invariablement un pli saillant ou tout au moins un renflement à l'intérieur du labre, et qui ont quelquefois un pli columellaire comme *T. annulata*; cette espèce est d'ailleurs la première des deux que Sharpe a figurées, tandis qu'il se borne à citer dans le texte, comme appartenant peut-être au même genre, *Ner. subpyramidalis* et *depressa*, c'est-à-dire de véritables *Cryptoplocus* à pli pariétal. Il n'y a donc aucun doute sur l'interprétation à faire du genre de Sharpe, qui est distinct de celui de Pictet, quoiqu'il paraisse le compléter au point de vue de l'enchaînement stratigraphique.

Répart. Stratigr.

BATHONIEN ...... Une espèce caractérisant tout un niveau du Bathonien supérieur des Ardennes (*Ner. patella*, Piette), coll. Piette, Musée de Lille.

Trochalia

NEOCOMIEN ...... L'espèce type dans le Portugal, d'après la figure de Sharpe.

CRYPTOPLOCUS, Pict. et Camp. 1861.

Type : *Ner. depressa*, Voltz. Séq.

Forme conique, plus ou moins évasée; spire à galbe extraconique; tours étroits, lisses, un peu convexes, parfois étagés à la suture; dernier tour peu élevé, avec un angle arrondi à la périphérie de la base qui est convexe et munie d'un large entonnoir ombilical, laissant apercevoir l'enroulement interne de la spire. Ouverture quadrangulaire, terminée en avant par un angle droit, avec un indice de bec auquel aboutit l'angle circa-ombilical; labre simple, mince, très profondément échancré près de la suture; bord columellaire un peu calleux, arrondi, dénué de lamelle spirale; un seul pli pariétal, parfois effacé près de l'ouverture.

Diagnose faite d'après un individu de l'espèce type, de Valfin (Pl. II, fig. 13-14); coupe d'un autre individu de la Haute-Saône (Pl. II, fig. 12), coll. du Musée de Dijon.

Rapp. et diff. — Il n'y a pas de très grandes différences entre *Cryptoplocus* et *Trochalia* : dans les deux sous-genres, on trouve des espèces à forme trochoïde et à tours légèrement convexes; le principal caractère distinctif consiste dans la position et le nombre des plis, qui se réduisent chez les *Cryptoplocus* à une lamelle pariétale, tandis que les *Trochalia* ont un pli columellaire et un pli plus ou moins bien formé sur le labre. Dans ces conditions, pour les motifs que j'ai indiqués ci-dessus, à propos de *Trochalia*, je suis d'avis de conserver la coupe proposée par Pictet et Campiche, mais à titre de sous-genre seulement.

Répart. Stratigr.

RAURACIEN ...... Le type apparaît déjà dans l'oolite blanche de Saint-Mihiel, d'après la Paléontologie française; autre espèce dans le Corallien de Nattheim (*N. terebra*, Ziet.), d'après Zittel; autre espèce dans le calcaire à *Diceras* de Kelheim et en Sicile (*N. subpyramidalis*, Munst.), d'après Zittel.

Trochalia

SEQUANIEN ...... L'espèce type dans la Charente-Inférieure, le Boulonnais, à Tonnerre, dans la Haute-Marne et le Jura bernois, en Sicile et dans le Frioul, d'après la Paléont. franç. et les Monogr. de M. de Loriol, de Gemmellaro et de Pirona; autre espèce dans le Tithonique inférieur d'Allemagne et de Sicile (*N. pyramidalis* Munst.), d'après Zittel, Gemmellaro et Peters; plusieurs espèces voisines du type dans les couches de Stramberg et dans le Frioul (*C. succedens*, *consobrinus*, *angulatus*, Zittel), d'après les Monogr. de Zittel et de Pirona.

KIMMERIDIEN .... L'espèce type dans le sous-étage Ptérocérien, à Valfin et à Oyonnax, coll. du Musée de Dijon, coll. de Loriol, etc.

PORTLANDIEN .... Une espèce dans le Jura (*Ner. macrogonia*, Thurm. = *subpyramidalis*, d'Orb. *non* M.), d'après la Paléont. franç., correction signalée par Zittel.

URGONIEN .... Une espèce dans les couches à Caprotines de Sainte-Croix (*C. Sanctæ-Crucis*, Pict. et Camp.), d'après la Monogr. de ce gisement.

ENDIAPLOCUS [1], *nov. subgen.*

Type : *Turritella Roissyi*, d'Arch. Bath.

Forme conique ou extraconique; spire pointue, turriculée; tours plus ou moins étroits, légèrement évidés, à sutures saillantes, ornés de sillons spiraux et réguliers ; dernier tour anguleux à la périphérie de la base qui est lisse, déclive, peu convexe et perforée d'un entonnoir médiocrement évasé. Ouverture quadrangulaire, entièrement dénuée de plis à tout âge, non canaliculée à la base.

Diagnose établie d'après un individu d'une espèce plésiotype, *Cryptoplocus Munieri*, Rig. et Sauv., provenant d'Hidrequent (Pl. I, fig. 14-15), coll. Legay.

Rapp. et diff. — Sur aucun des échantillons entiers ou mutilés, que je connais des deux espèces de ce groupe, je n'ai constaté la trace, ni l'appa-

[1] Ἔνδεια, manque de, πλόκος, pli.

rence d'un pli, soit au labre, soit à la columelle, soit sur le bord pariétal; en outre, les tours sont striés, leurs sutures sont sur une arête saillante et bifide, enfin la base est carénée à la périphérie : pour tous ces motifs, il me paraît rationnel de séparer ces espèces des *Trochalia* et des *Cryptoplocus*, dans la même situation relative que *Aphanoptyxis* vis-à-vis de *Nerinea*, et que *Aptyxiella* vis-à-vis de *Nerinella*. Il est d'ailleurs indubitable que ce sont des *Nerineidæ;* car les stries d'accroissement forment un crochet rétrocurrent près de la suture inférieure, le long de laquelle on distingue une bande linéaire, formée par les accroissements de ce sinus, et n'ayant par conséquent aucun rapport avec les genres *Niso* ou *Turritella*.

Répart. Stratigr.

BATHONIEN ...... Deux espèces typiques dans le Boulonnais et dans l'Aisne (*Turr. Roissyi*, d'Arch. et *Crypt. Munieri*, R. et S.), coll. Rigaux, Legay, Piette, ma coll.

ORDRE DES PROSOBRANCHIATA.

Sous-ordre : *PECTINIBRANCHIATA*.

Division A : TÆNIOGLOSSA.

TEREBRIDÆ

Forme étroite, pointue comme une tarière ou une alêne; embryon conoïdal à nucléus un peu dévié, homéostrophe ; tours nombreux, lisses ou ornés, à sutures souvent bordées. Ouverture canaliculée et échancrée à la base ; accroissements de l'échancrure toujours limités par un bourrelet ou une carène qui s'enroule sur le cou.

Observ. — Comme l'indique le tableau ci-après, je comprends dans la famille *Terebridæ* le genre *Pusionella*, qui a été successivement placé près des genres *Fusus*, *Buccinum*, *Terebra*, *Clavatula*, c'est-à-dire dans quatre familles bien différentes, à cause de ses caractères ambigus. Fischer et Tryon le classent dans les *Clavatulinæ* à cause de la forme de la coquille et de son opercule ; mais le labre n'a pas l'entaille caractéristique des *Clavatula*, il ne présente qu'une très légère sinuosité, tandis que le canal, quoique un peu plus long que celui des *Terebra*, est échancré, peu profondément il est vrai, toutefois suffisamment pour qu'un bourrelet caractéristique chez les *Terebridæ*, toujours absent dans les *Pleurotomidæ*, s'enroule sur le cou du canal. C'est donc, selon moi, une sous-famille de *Terebridæ* (Gray a même proposé, en 1857, une famille *Pusionellidæ*), et on la distingue des formes typiques par la brièveté de la spire, par l'excavation de la base du dernier tour, par la longueur du canal et le peu de profondeur de son échancrure, enfin, par la position des yeux de l'animal (*fide* Tryon).

Tableau des genres, sous-genres et sections.

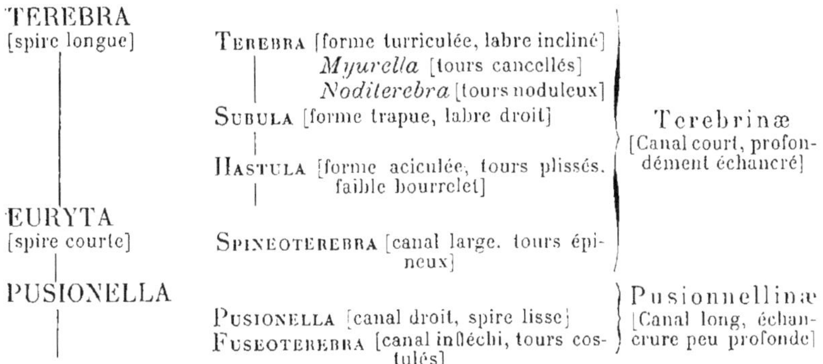

Genres et sous-genres non signalés à l'état fossile.

IMPAGES, Smith, 1873. — *T. cærulescens*, Lamk. N'a pas été caractérisé nettement par l'auteur ; mais, en examinant le type, qui est intermédiaire entre *Subula* et *Hastula*, lisse comme les premières, étroit comme les secondes, on remarque que le canal est profondément échancré, que le labre est rétrocurrent à la suture, et que les tours sont embrassants comme ceux des *Euryta*.

EURYTA (*sensu stricto*) H. et A. Adams, 1853 : Type : *T. aciculata*, Lamk. Cette coupe doit être génériquement séparée des *Terebra*, non seulement à cause de la forme courte de la spire et de l'aspect bucciniforme de l'ouverture, mais encore à cause de l'ornementation épineuse des tours de spire, et de l'embryon qui est obtus, court et dévié. La forme typique n'existe pas à l'état fossile : mais on peut y rattacher le sous-genre *Spineoterebra*.

TEREBRA, Adanson 1757 (Lamk. 1797, *non* 1801).
(= *Terebrum*, Montfort 1810).

Forme étroite, subulée, conique ; embryon lisse, conoïdal, à nucléus dévié ; spire très longue, pointue, à tours nombreux, étroits, généralement munis d'une bande suturale qui ne correspond pas à une échancrure labiale. Ouverture courte, largement canaliculée et profondément échancrée à la base ; labre mince, peu sinueux, ordinairement incliné à gauche de l'axe du côté antérieur ; columelle non plissée, infléchie en avant, se terminant en pointe et munie d'un rebord saillant le long du canal ; bord columellaire mince, non calleux, sous lequel sort une côte étroite qui s'enroule sur le cou du canal, limite les plis d'accroissement de l'échancrure et aboutit à l'extrémité anguleuse du labre.

TEREBRA, *sensu stricto*. Type : *Buccinum subulatum*, Lin. Viv.

Forme aciculée ; embryon paucispiré ; tours très nombreux, brillants, à peu près lisses ; bande suturale saillante sur les premiers tours, tendant à s'effacer sur les derniers ; dernier tour très court, un peu excavé à la base, autour du cou du canal. Ouverture subrhomboïdale ; labre très incliné ; columelle verticale, peu renflée, formant un angle arrondi de 100° avec la base de l'avant-dernier tour.

Diagnose faite d'après un individu typique des îles Philippines ; plésiotype fossile, *T. acuminata*, Borson (Pl. IV, fig. 11), échantillon astien de Vezza d'Alba, ma coll. (don de M. Sacco).

Observ. — Le genre *Terebra*, créé par Adanson, a été appliqué en 1797 par Lamarck (Soc. hist. nat. de Paris) à *Bucc. subulatum*, Lin. ; puis en 1801, sans aucun motif, Lamarck a, dans son cours, indiqué un autre type tout à fait différent, *Bucc. maculatum* Lin., de sorte que Schumacher, jugeant que ce nouveau type ressemble plus à une alêne qu'à une tarière, a changé le nom *Terebra* en *Subula*. Cette modification n'eût pas été admissible s'était agi du même type : mais, en tenant compte du choix primitif de Lamarck, qui vise bien une espèce térébriforme, il paraît correct de reprendre *Terebra* pour *T. subulata*, et de conserver *Subula* pour *T. maculata*. Quant à *Terebrum*, c'est un simple changement de désinence, proposé par Montfort, et tombant en synonymie avec le genre d'Adanson.

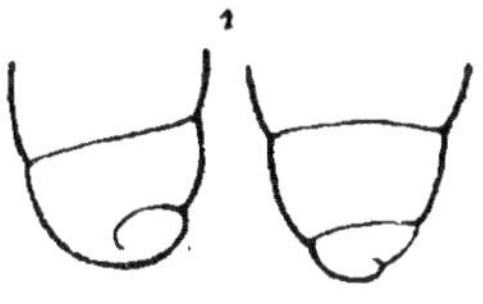

Fig. 1.

Il est extrêmement rare de trouver des *Terebra* dont la pointe est intacte ; c'est pourquoi les auteurs ont généralement omis d'indiquer quelle est la forme de l'embryon. Il m'a paru utile de combler cette lacune, après une étude minutieuse des tours embryonnaires de plusieurs échantillons fossiles dont l'extrémité était bien conservée : le résultat de cet examen est que l'embryon des *Terebridæ* se compose d'un nucléus homéostrophe et obtus, auquel succèdent plusieurs tours lisses, ayant un galbe conoïde.

Répart. Stratigr.

Eocène	Une espèce à embryon en goutte de suif (**Fig. 1**), dans l'Eocène d'Australie (*T. platyspira*, Tate), ma coll.
Miocène	Le plésiotype (*T. acuminata*, Bors.), dans l'étage Tortonien (*fide* Sacco).
Pliocène	Le même plésiotype dans le Plaisancien et l'Astien, à Cannes, coll. Cossmann.
Epoque actuelle.	Le type (*T. subulata*, L.) coll. Cossmann ; nombreuses espèces dans toutes les mers, d'après Tryon.

Myurella, Hinds, 1844. Type : T. *affinis*, Gray. Viv.

(= *Strioterebrum*, Sacco 1891. — Type : *T. Basteroti*, Nyst).

Forme de *Terebra ;* tours ornés d'une bande suturale étroite et crénelée, séparée par un sillon qui persiste jusqu'au dernier tour ; au-dessus de ce sillon, filets spiraux croisant des costules axiales et courbes. Ouverture contournée, largement échancrée à la base ; columelle renflée au milieu par la trace que laisse, sous le bord columellaire, la carène limitant, sur le cou du canal, les accroissements de l'échancrure.

Diagnose faite d'après un plésiotype fossile, *T. pliocenica*, Font., de l'Astien de Canne (Pl. IV, fig. 13), ma coll.

Observ. — M. Sacco ayant lui-même indiqué, parmi les formes vivantes assimilables à son sous-genre *Strioterebrum* (Imoll. dei terr. terz. del Piemonte) le type *T. affinis* du sous-genre *Myurella*, il n'est pas possible de conserver cette dénomination qui fait un double emploi évident, d'autant moins que la distinction à faire entre *Myurella* et *Terebra s. s.* est elle-même peu tranchée, attendu qu'il y a des passages graduels d'une forme à l'autre : aussi c'est seulement à titre de section que j'ai admis le genre de Hinds.

Rapp. et diff. — Cette section se distingue surtout par son ornementation : la présence, sur les tours, de sillons spiraux qui séparent des filets plus ou moins serrés, la persistance du sillon postérieur qui isole la bande suturale, les crénelures souvent très saillantes dont celle-ci est ornée, permettent de distinguer facilement les *Myurella* des véritables *Terebra*. Si l'on ajoute à ces caractères, parfois fugitifs chez certaines espèces, que la columelle a l'aspect biplissé, parce qu'elle est bombée au milieu et fortement carénée à sa limite antérieure, on peut à la rigueur justifier la création de cette section.

Répart. Stratigr.

SENONIEN .... Une espèce très douteuse dans le Santonien supérieur des Corbières et à Gosau (*Fusus cingulatus*, Sow.) : l'ouverture est incomplète, aussi bien sur les figures de Zekeli et de d'Archiac que sur l'échantillon de la coll. de Grossouvre, mais l'ornementation est identique à celle de certaines *Myurella*.

EOCENE .... Une espèce typique dans les sables de Claiborne (*T. andrega*, de Greg.), ma coll.

OLIGOCENE ...... Une espèce très voisine de celle de l'Eocène dans le Vicksburgien du Mississipi (*T. divisura*, Conrad), d'après Dall, qui l'assimile même à l'espèce vivante *T. dislocata*.

MIOCENE .... L'espèce type du sous-genre *Strioterebrum* (*T. Basteroti*) en Italie et dans le Bordelais, ma coll. Embryon d'un individu de l'Helvétien de Salles (**Fig.** 2), ma coll.

FIG. 2.

PLIOCENE .... Plusieurs espèces ou variétés dans le bassin du Rhône et le Piémont (*T. pliocenica*, Font.), ma coll. (*T. reticularis*, Pecch.), d'après la Monogr. de M. Sacco.

Terebra

Époque actuelle. Nombreuses espèces dans toutes les mers (*T. affinis*, *variegata*, *armillata*, *dislocata*, *nebulosa*) etc..., groupe B d'après Tryon.

Noditerebra, *nov. sect.* Type : *T. geniculata*, Tate. Mioc.

Forme cérithiale, relativement courte ; embryon conoïde, paucispiré ; spire aiguë, à galbe conique ; tours convexes en avant, déprimés au-dessus du bourrelet sutural, ornés d'une double rangée de nodosités, les unes sur le bourrelet sutural, les autres sur la convexité antérieure où elles s'allongent davantage, et de stries spirales très obsolètes. Ouverture ovoïde, peu allongée, rétrécie et anguleuse en arrière, terminée à la base par un canal large, oblique et échancré ; labre saillant en avant, subéchancré vis-à-vis de la première rangée de nodosités, antécurrent vers la suture vis-à-vis du bourrelet ; columelle en *S*, non bombée au milieu, étroitement bordée le long du canal ; carène saillante limitant sur le cou du canal les accroissements de l'échancrure.

Diagnose établie d'après le type fossile du Tertiaire d'Australie, individu de Muddy Creek (Pl. IV, fig. 21), ma coll. (don de M. Tate).

Rapp. et diff. — La séparation de *Myurella*, comme section distincte de *Terebra*, rend nécessaire la création d'une autre section pour les formes plus courtes et moins subulées que ces deux groupes : c'est surtout par l'ornementation de la spire et par le profil du labre que se distingue *Noditerebra*. Mais, de même qu'il existe des espèces intermédiaires entre *Terebra* et *Myurella*, de même il y a des formes qui relient graduellement certaines *Myurella* aux *Noditerebra* bien caractérisées; l'échancrure, d'ailleurs peu profonde du labre, n'est elle-même que la conséquence de la saillie des nodosités antérieures, qui sont produites par la courbure des costules axiales interrompues sur la dépression postérieure de chaque tour. Quoi qu'il en soit, malgré l'existence de ces passages de transition, on peut à la rigueur admettre *Noditerebra* comme une section composée d'espèces qu'il est facile de séparer à première vue.

Répart. Stratigr.

Miocène.......... L'espèce type en Australie, ma coll.

Époque actuelle.. Plusieurs espèces (*T. varicosa*, Hinds, *tessellata*, Gray, *concava*, Say), dans les îles Marquises et les mers de l'Amérique centrale, d'après le Manuel de Tryon.

Subula, Schum. 1817. Type : *Bucc. maculatum*, Lin. Viv.

(= *Terebra*, Lamk. 1801, *non* 1797 ; *Acus*, Humphrey, 1797, in Gray 1847, *non* Johnston, 1650) ; = *Abretia*, H. et A. Adams, 1853)

Forme conique, un peu trapue, mais allongée ; embryon multispiré ; tours embrassants, à sutures linéaires, souvent plissés par les accroissements, rarement ornés de stries spirales, généralement marqués d'un sillon spiral qui disparaît sur les individus adultes ; dernier tour assez grand, à base ovale, non excavée. Ouverture très étroite en arrière, munie d'une gouttière suturale, à peine atténuée en avant, largement et profondément échancrée à la base ; labre peu incliné, à peine rétrocurrent à la suture ; columelle un peu convexe au milieu, faisant un angle très ouvert avec la base de l'avant-dernier tour.

Diagnose refaite d'après un individu typique de Taïti ; plésiotype fossile du Miocène inférieur de Saucats, *T. fuscata*, Br. (Pl. IV, fig. 7), coll. Cossmann ; autre individu vu de profil (Pl. IV, fig. 8), de l'Helvétien de Manthelan, ma coll.

Observ. — Sans répéter l'explication donnée ci-dessus, à propos du genre *Terebra s. s*, j'ajoute que le genre *Acus*, non publié en 1797 par Humphrey, révélé seulement en 1840 par Swainson qui ne l'a pas adopté, et accepté en 1847 par Gray qui a pris pour type *T. maculata*, ne peut être admis pour deux raisons : d'abord parce qu'il s'applique au même type que *Subula* qui a été caractérisé 30 ans plus tôt, ensuite parce que le nom *Acus* avait déjà été employé au XVIIe siècle en Ichthyologie.

Rapp. et diff. — La différence signalée par Schumacher, qui existe entre la forme extérieure de *T. subulata* et celle de *T. maculata*, mérite d'être prise en considération : comme elle coïncide avec d'autres caractères, tels que l'inclinaison du labre, la disposition de la columelle, le recouvrement des tours, la forme de l'embryon, j'estime qu'on peut admettre *Subula* comme un sous-genre différent de *Terebra s. s.* Mais je ne crois pas qu'on en puisse séparer *Abretia*, dont le type (*T. cerithina*) ne diffère de *T. maculata* que par sa forme un peu plus étroite, avec un sillon spiral plus persistant sur les derniers tours : c'est à cette forme que se rattache notre plésiotype fossile, *T. fuscata*, plutôt qu'à la forme typique de *Subula*. Comme d'ailleurs tous les autres caractères de l'ouverture, de la columelle subplissée, de l'inclinaison du labre, etc..., sont identiques, je ne crois pas qu'on puisse même admettre *Abretia* comme une section de *Subula*.

Répart. Stratigr.

MIOCENE......... Le plésiotype apparaît dans l'Aquitanien et le Langhien de la Gironde, continue dans l'Helvétien de la Touraine, puis dans le Tortonien de Salles et de Monte Gibbio (*T. fuscata*, Br.), ma coll.

PLIOCENE........ La même espèce dans le Plaisancien de Bologne et dans l'Astien de Cannes, ma coll.

EPOQUE ACTUELLE. Plusieurs espèces, outre le type (*T. chlorata*, Lamk., *albida*, Gray) dans la Polynésie, à Malacca, aux Seychelles, en Australie.

HASTULA, H. et A. Adams, 1853. Type : *T. strigillata*, Lamk. Viv.

Forme pointue, à galbe régulier ; embryon conoïdal, multispiré ; tours non embrassants, assez élevés, subulés, souvent plissés par les accroissements, dépourvus de sillon spiral ; base du dernier tour obliquement déclive. Ouverture rhomboïdale, atténuée en avant, peu échancrée à la base du canal ; labre presque vertical ; columelle droite, faisant un angle de plus de 130° avec la base de l'avant-dernier tour, à peine infléchie et très étroitement carénée sur le bord du canal ; bourrelet très obsolète, limitant les accroissements de l'échancrure sur le cou du canal.

Diagnose établie d'après un plésiotype fossile, *T. plicatula*, Lamk. de l'Eocène de Villiers-Neauphle (Pl. IV, fig. 15-16), ma coll. ; vue grossie de l'embryon d'un autre individu (**Fig.** 3), ma coll.

FIG. 3.

Rapp. et diff. — L'espèce que j'admets comme plésiotype a beaucoup d'analogie avec les formes vivantes qui dérivent de *T. strigillata*, *T. albula*, Menke, *T. hastata*, Gm. : elles sont caractérisées par l'angle très ouvert que fait la columelle avec la base de l'avant-dernier tour, par la faible profondeur de l'échancrure, par la disparition presque complète du bourrelet sur le cou du canal. Leur forme subulée les rapproche, il est vrai, de *Subula*, mais, outre qu'elles n'ont jamais de sillon spiral, même sur les premiers tours, ceux-ci ne sont pas embrassants comme ceux de *T. maculata*, de sorte que l'ouverture ne comporte pas de gouttière suturale.

Répart. Stratigr.

EOCENE......... Le plésiotype ci-dessus indiqué existe dans les trois sous-étages du bassin de Paris et dans la Loire-Inférieure ; deux espèces typiques dans l'Australie du Sud (*T. angulosa* et *crassa*, Tate), d'après les figures données par l'auteur.

OLIGOCENE....... Une espèce dans le Tongrien inférieur de l'Allemagne du Nord (*T. plicosa*, v. Kœnen) d'après les figures données par l'auteur ; autre espèce dans les couches supérieures du bassin de Cassel (*T. Beyrichi*, Semper) ma coll.

MIOCENE........ Une espèce typique dans le sous-étage Langhien du Bordelais (*T. striata*, Bast.), ma coll. ; autre espèce dans l'Helvétien d'Italie (*T. subcinerea*), d'après la Monogr. de M. Sacco.

PLIOCENE....... Une espèce typique dans le Plaisancien de Bologne (*T. costulata*, Bors.), ma coll. ; autre espèce dans le bassin du Rhône et en Italie (*T. Farinesi*, Font.), d'après les figures données par l'auteur et d'après la Monogr. de M. Sacco.

EPOQUE ACTUELLE. Plusieurs espèces, outre le type (*T. cinerea*, Born. *aciculina*, Reeve, *hastata*, Gm., *nitida*, Hinds, etc...), dans la Polynésie, les mers du Japon, les Indes occidentales, les côtes Ouest d'Afrique, etc..., d'après le Manuel de Tryon.

EURYTA, H. et A. Adams, 1853.

Forme fusoïde ou buccinoïde, peu allongée ; embryon composé de deux tours lisses, à nucléus obtus et dévié ; tours embrassants, élevés, ornés de côtes binoduleuses ou subépineuses ; dernier tour grand, à base parfois sillonnée. Ouverture étroite, avec une gouttière postérieure et un canal antérieur ; labre à peu près vertical, légèrement sinueux vis-à-vis de la rangée supérieure de nodosités ; columelle héliçoïdale, se raccordant par un arc très ouvert avec la base de l'avant-dernier tour, infléchie près de l'échancrure basale qui est très large.

Diagnose refaite d'après un individu du type vivant aux Antilles, *T. aciculata*, Lamk. var. *nodosoplicata*, Dunk. (Pl. IV, fig. 12), ma coll.

Spineoterebra, Sacco, 1891. Type : *T. spinulosa*, Doderl. Mioc.

Forme assez courte, pupoïde ; spire à galbe conoïdal ; tours ornés de costules subépineuses en arrière, un peu étagés à la suture. Ouverture étroite, peu profondément échancrée à la base du canal qui est à peu près aussi large qu'elle et très court ; bord columellaire épais et calleux, limité par une dépression ; bourrelet de l'échancrure très écarté, s'enroulant peu obliquement sur le cou du canal.

Diagnose établie d'après un individu typique du Tortonien de Stazzano (Pl. IV, fig. 20), ma coll. (don de M. Sacco).

Rapp. et diff. — J'ai indiqué, à la suite du tableau de classification des *Terebridæ*, les motifs qui justifient la séparation du genre *Euryta* qui ne paraît pas avoir été rencontré jusqu'à présent à l'état fossile. Néanmoins j'en ai donné ci-dessus une figure, pour mieux faire saisir les caractères qui rattachent à ce genre, plutôt qu'aux *Terebra*, le sous-genre *Spineoterebra* : la forme générale est analogue, et l'ornementation est à peu près semblable ; toutefois il existe, chez les *Euryta* vivantes, des stries basales qui persistent sur le cou du canal et qu'on n'aperçoit pas chez *T. spinulosa*, dont la base est entièrement lisse ; en outre, les nodules épineux forment la rangée inférieure sur les tours de cette dernière espèce, tandis que c'est au contraire la rangée supérieure qui est la plus saillante dans le type vivant. Il y a aussi d'autres caractères qui distinguent *Spineoterebra*, quoiqu'ils n'aient qu'une importance secondaire : ce sont la largeur et la brièveté du canal, le peu de profondeur de l'échancrure, la callosité columellaire. En résumé, au point de vue du classement, c'est exactement un sous-genre d'*Euryta*.

Répart. Stratigr.

Miocène........ Le type (*T. spinulosa*) avec plusieurs variétés (*T. Doderleiniana*, For.). dans le Tortonien d'Italie d'après Sacco et Foresti ; autre espèce très voisine du type, à Cacella en Portugal (*T. Algarbiorum*, da Costa, d'après les figures données par l'auteur ; plusieurs espèces dans les couches supérieures de Muddy

Euryta

Creek en Australie (*T. subspectabilis* et *convexiuscula*, Tate) d'après les figures données par l'auteur.

ÉPOQUE ACTUELLE. Outre le type vivant d'*Euryta*, à Mazatlan et à Panama, plusieurs autres espèces, en Californie (*T. fulgurata*, Phil.) et dans la Mer Rouge (*T. nassoides*, Hinds), d'après le Manuel de Tryon. Il faut en exclure *T. Cosentini*, Phil., qui n'est autre que *T. aciculata*, Lamk. indiquée par erreur dans la Méditerranée.

PUSIONELLA, Gray, 1847.

(= *Netrum*, Phil. 1850)

PUSIONELLA, *sensu stricto*. Type : *P. nifat*, Adanson. Viv.

Forme clavatulée, fusoïde, un peu ventrue ; embryon paucipiré, subglobuleux, à nucléus obtus ; spire aiguë, médiocrement allongée, à tours lisses, embrassants et généralement étagés au-dessus de la suture ; dernier tour au moins égal à la moitié de la longueur totale, à base plus ou moins excavée et subanguleuse à la périphérie, ornée de filets spiraux qui s'enroulent sur le cou canal. Ouverture rhomboïdale, à bords parallèles, munie d'une gouttière dans l'angle postérieur et d'un canal allongé, étroit et presque droit, peu échancré à la base ; labre mince, curviligne, à peine échancré, ou plutôt sinueux vers le tiers inférieur de sa hauteur ; columelle arquée à sa jonction avec la base de l'avant-dernier tour, à peine infléchie le long du canal ; bord columellaire peu calleux ; bourrelet de l'échancrure peu saillant.

Diagnose refaite d'après le type vivant, ma coll. ; et d'après le plésiotype de l'Helvétien d'Italie, *P. tauronifat*, Sacco (Pl. IV, fig. 9) de Colli Torinesi, coll. du Musée géol. de l'Université de Turin.

Observ. — J'ai indiqué, à propos de la famille *Terebridæ*, les motifs qui me décident à classer ce genre dans ladite famille, au lieu que la plupart des auteurs le considèrent à présent comme un membre de la famille *Pleurotomidæ*, principalement parce que la forme extérieure de la coquille a de l'analogie avec quelques *Clavatula* : mais le labre est trop peu sinueux pour que l'on puisse rapprocher *Pusionella* de *Clavatula* dont le canal n'est pas du tout échancré. D'ailleurs l'existence d'un autre groupe de coquilles, qui participent à la fois aux caractères de *Terebra* et de *Pusionella*, et pour lesquelles *M. Sacco* a proposé le genre *Fusoterebra*, démontre l'enchaînement évident de ces formes entre elles; je suis persuadé que cette opinion se confirmera quand on connaîtra mieux l'animal de *Pusionella*.

Répart. Stratigr.

MIOCENE........ Trois espèces, une dans l'étage Langhien du Bordelais (*Pleurot. saucatsensis*, Mayer) d'après M. Sacco; deux dans l'Helvétien d'Italie (*P. pedemontana* et *tauronifal*, Sacco), types communiqués par M. Sacco.

EPOQUE ACTUELLE. Outre le type (ma coll.), cinq espèces presque exclusivement sur les côtes occidentales d'Afrique, d'après le Manuel de Tryon et ma coll. (don de M. Dautzenb).

FUSOTEREBRA, Sacco, 1891. Type: *Fusus terebrinus*, Bon. Mioc.

Forme étroite, assez longue; spire pointue; tours nombreux, ornés de plis étroits, subnoduleux près de la suture inférieure et au milieu de la hauteur de chaque tour; dernier tour égal au quart de la largeur totale, atténué à la base sur laquelle se prolongent les plis axiaux. Ouverture étroite, fusoïde, terminée en avant par un canal assez long, étroit et contourné, peu profondément échancré à la base; labre vertical, épaissi à l'intérieur; columelle infléchie en *S* très allongée, obtusément anguleuse le long du canal, recouverte d'un bord mince et assez large; carène très saillante, limitant les accroissements de l'échancrure sur le cou du canal.

Diagnose refaite d'après des individus de Tortonien de San-Agata (Pl. IV, fig. 14), coll. Cossmann (don de M. Sacco).

Rapp. et diff. — Quoique *Fusus terebrinus* ait une ornementation qui rappelle un peu celle de quelques *Euryta*, la séparation qu'a proposée M. Sacco me paraît motivée, non seulement parce que les plis se prolongent sur la base du dernier tour, qui ne porte aucune trace de stries spirales, mais surtout à cause de la forme contournée du canal qui ressemble à celui de *Latirulus;* enfin, sur le cou du canal est un bourrelet beaucoup plus saillant, les tours sont moins embrassants, le dernier est moins élevé, etc... ; comparée à *Pusionella s.s.*, *Fusoterebra* s'en distingue par sa spire plus allongée, par son ornementation et par son canal légèrement tordu.

Répart. Stratigr.

MIOCÈNE........ Le type et plusieurs variétés dans le Tortonien d'Italie, d'après la Monogr. de M. Sacco.

PLEUROTOMIDÆ

Forme généralement fusoïde ; embryon homœostrophe ; labre muni, du côté postérieur, d'une sinuosité ou d'une entaille plus ou moins profonde, placée plus ou moins près de la suture ; columelle lisse en général, parfois plissée ou ridée. Opercule corné, ovale, à nucléus latéral ou apical, beaucoup plus petit que l'ouverture, absent chez toute une sous-famille.

Observ. — La séparation en deux familles distinctes, des *Pleurotomidæ* et des *Conidæ*, est de date relativement récente et est justifiée par les différences qu'on observe dans l'anatomie de l'animal de *Conus* et de *Pleurotoma*. La transition d'une famille à l'autre se fait par l'intermédiaire des *Borsonia*, *Bathytoma* et *Genotia*, les deux premières étant des *Pleurotomidæ*, tandis que le troisième de ces genres est plutôt voisin de *Conus*, quoique les tours ne soient pas résorbés à l'intérieur de la coquille adulte. Les *Pleurotomidæ* sont divisés par la plupart des auteurs en quatre sous-familles, selon l'existence ou l'absence et selon la forme de l'opercule : ce dernier, étant de nature cornée, n'est pas conservé à l'état fossile, de sorte que cette classification ne peut être suivie par les paléontologistes qu'à la condition de la corroborer par des observations concordantes, tirées des autres caractères de la coquille. Nous y ajoutons une cinquième sous-famille, exclusivement représentée dans les terrains crétaciques. Mais, à part cette sous-famille, composée de genres dont la position systématique a été très contestée, les *Pleurotomidæ* ne commencent à apparaître qu'à partir des terrains tertiaires, sauf deux ou trois formes de la fin de la période crétacique, dont l'état de conservation laisse d'ailleurs beaucoup à désirer, et sur lesquelles je ne puis me former une opinion définitive, n'ayant à ma disposition que les figures des ouvrages dans lesquels elles sont décrites, et aussi parce que le niveau exact de certaines couches d'Amérique, d'où proviennent ces coquilles, exige une confirmation certaine : jusqu'à présent, on peut seulement dire qu'elles sont attribuées à la période crétacique, mais qu'elles confinent au terrain tertiaire.

Un certain nombre de genres n'étant encore connus, qu'à l'état vivant j'ai, par une innovation qui s'écarte un peu de l'ordonnance adoptée dans la première livraison de cet ouvrage, introduit dans le tableau général de classification des genres de *Pleurotomidæ* ceux d'entre eux qui ne sont pas encore cités à l'état fossile ; une lettre de renvoi entre parenthèses permet au lecteur de se reporter à la liste sommaire des genres et sous-genres appartenant exclusivement à l'époque actuelle. Quoique cette addition sorte du cadre paléontologique de notre entreprise et qu'elle risque ultérieurement d'attribuer la prédominance à la conchyliologie de l'époque actuelle, je compte m'y conformer désormais, dans tous les cas où il y aura un mélange équilibré des deux faunes : il en résultera une plus grande facilité pour la comparaison systématique des formes entre elles.

Rapp. et diff. — Les *Pleurotomidæ* étant des coquilles manifestement siphonostomes, je n'ai pas à les comparer aux *Nerineidæ*, qui n'ont pas un véritable canal, mais simplement un bec à l'extrémité antérieure de l'ouverture. D'ailleurs l'échancrure du labre n'occupe pas la même position chez les *Pleurotomidæ* que chez les *Entomotæniata*, et surtout la disposition en est bien différente : au lieu d'une entaille profonde et étroite, coïncidant avec la suture et au-delà de laquelle le contour du labre se raccorde immédiatement à la suture, le sinus pleurotomique est un demi-cercle ou un triangle, voire même un arc de cercle très ouvert, tantôt écarté de la suture, tantôt situé sur une rampe en gouttière contiguë à la suture, mais dont le contour est toujours antécurrent vers l'ouverture, de sorte que le raccordement se fait soit obliquement, soit avec un quart de cercle.

Si l'on rapproche les *Pleurotomidæ* des *Terebridæ*, qui n'ont pas de sinus et qui ont un canal court, profondément échancré, on remarque que la transition d'une famille à l'autre peut se faire insensiblement par l'intermédiaire des *Pusionellinæ*, que quelques auteurs rapprochent de *Clavatula*, quoique leur labre soit, pour ainsi dire, dépourvu de sinuosité, tandis que les autres (et j'ai suivi cet exemple) classent *Pusionella* dans les *Terebridæ*. Il paraît donc établi qu'il y a beaucoup d'affinités entre ces deux familles ; la distinction peut principalement se faire par l'opercule et par des caractères tirés de l'anatomie de l'animal, c'est-à-dire qui échappent aux investigations des Paléontologistes obligés d'admettre une coupure un peu arbitraire.

Tableau des genres, sous-genres et sections.

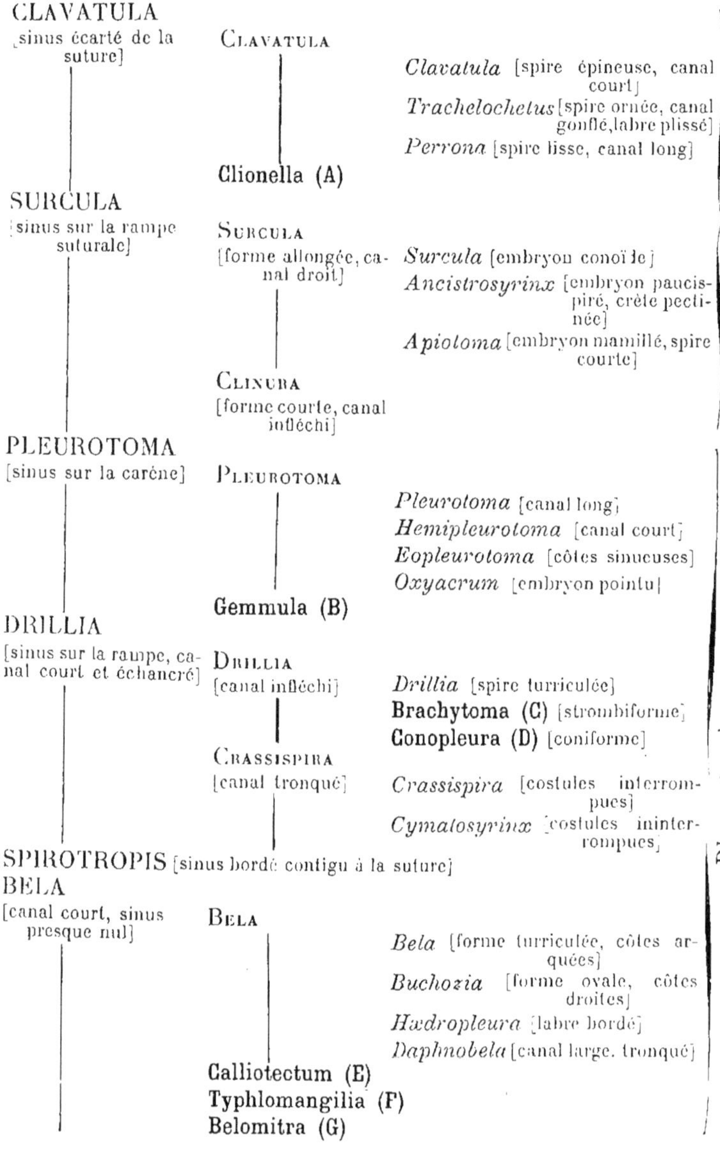

Genres	Sous-genres	Sections	Sous-familles
CLAVATULA [sinus écarté de la suture]	Clavatula	*Clavatula* [spire épineuse, canal court]	Clavatulinæ [opercule à nucléus latéral]
		Trachelochetus [spire ornée, canal gonflé, labre plissé]	
		Perrona [spire lisse, canal long]	
	Clionella (A)		
SURCULA [sinus sur la rampe suturale]	Surcula [forme allongée, canal droit]	*Surcula* [embryon conoïde]	
		Ancistrosyrinx [embryon paucispiré, crête pectinée]	
		Apiotoma [embryon mamillé, spire courte]	
	Clinura [forme courte, canal infléchi]		
PLEUROTOMA [sinus sur la carène]	Pleurotoma	*Pleurotoma* [canal long]	Pleurotominæ [opercule à nucléus apical]
		Hemipleurotoma [canal court]	
		Eopleurotoma [côtes sinueuses]	
		Oxyacrum [embryon pointu]	
	Gemmula (B)		
DRILLIA [sinus sur la rampe, canal court et échancré]	Drillia [canal infléchi]	*Drillia* [spire turriculée]	
		Brachytoma (C) [strombiforme]	
		Conopleura (D) [coniforme]	
	Crassispira [canal tronqué]	*Crassispira* [costules interrompues]	
		Cymatosyrinx [costules ininterrompues]	
SPIROTROPIS [sinus bordé contigu à la suture]			
BELA [canal court, sinus presque nul]	Bela	*Bela* [forme turriculée, côtes arquées]	
		Buchozia [forme ovale, côtes droites]	
		Hædropleura [labre bordé]	
		Daphnobela [canal large, tronqué]	
	Calliotectum (E)		
	Typhlomangilia (F)		
	Belomitra (G)		

Genres	Sous-genres	Sections	Sous-familles
ROUAULTIA [sinus sur la carène]			
BORSONIA [sinus voisin de la suture]	BORSONIA [un pli saillant, canal long]		Borsoninæ [opercule inconnu, columelle plissée ou subplissée]
	CORDIERIA [deux plis ou plus, canal court]		
	MITROMORPHA [deux plis, labre denticulé]		
BATHYTOMA [columelle subplissée, sinus écarté de la suture]	BATHYTOMA [embryon conoïde, columelle subplissée]		
	EPALXIS [embryon proboscidiforme, columelle à peine tordue]		
ASTHENOTOMA [columelle plissée, canal court]	ASTHENOTOMA [un seul pli]	*Asthenotoma* [sinus large]	
		Endiatoma [sinus presque nul]	
	APHANITOMA [deux plis, sinus presque nul]		
	SCOBINELLA [rides columellaires, canal très court]		
	TRYPANOTOMA [columelle non plissée, sinus peu profond]	*Trypanotoma* [forme dextre]	
		Sinistrella [forme sénestre]	
TEREBRITOMA [sinus sutural, canal très court]			
PHOLIDOTOMA	[columelle à peu près lisse, canal étroit et droit]		Pholidotominæ [opercule inconnu, sinus écailleux à la suture]
BEISSELIA	[columelle lisse, forme courte, canal large et recourbé]		
ROSTELLITES	[columelle tordue, canal large et long]		
GOSAVIA	[columelle fortement plissée, forme conique, canal court]		
MANGILIA [labre épais]	MANGILIA [labre et columelle lisses]	*Mangilia* [sinus bien entaillé]	Mangiliinæ [pas d'opercule, sinus à la suture, embryon papilleux]
		Mangiliella [sinus à peine indiqué]	
	EUCITHARA [labre et columelle plissés]	*Eucithara* [canal court]	
		Citharopsis (H) [canal un peu long]	
	CLATHURELLA [labre plissé, columelle ridée, dent pariétale]	*Clathurella* [canal court]	
		Glyphostoma [canal un peu long]	

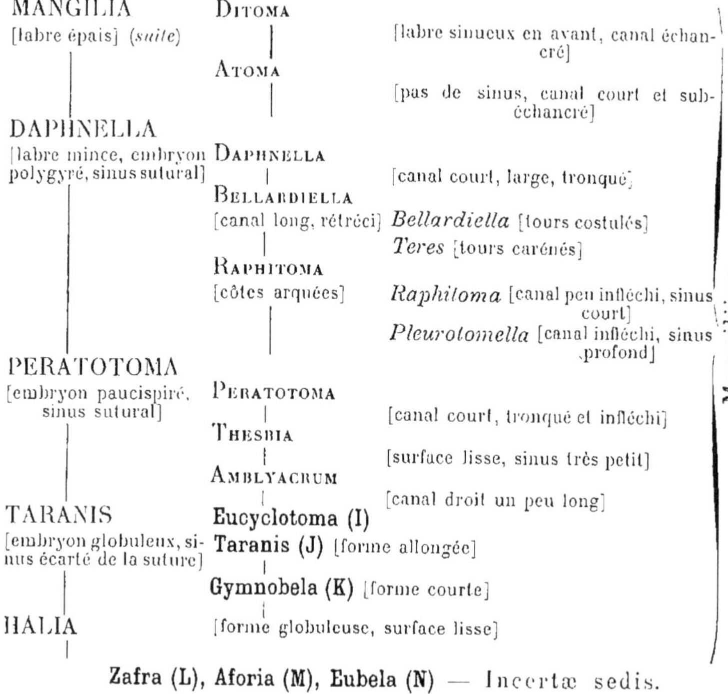

Genres et sous-genres non signalés à l'état fossile.

(A). Clionella, Gray, 1847. — Type : *Buccinum sinuatum*, Born. (*Pl. buccinoides*, Lamk). Canal extrêmement court, profondément échancré ; ornementation de *Drillia*, opercule de *Clavatula*. Ce sous-genre n'est pas fluviatile, comme on l'avait d'abord supposé ; Tryon en cite et en figure sept espèces, localisées sur les côtes de l'Afrique méridionale.

(B). Gemmula, Weinkauff, 1876. — Type : *P. gemmata*, Hinds. D'après le Manuel de Tryon, cette section ne se distinguerait de *Pleurotoma s.s.* que par sa carène perlée ou noduleuse, et par son embryon dont les deux premiers tours sont lisses, tandis que les autres sont costulés dans le sens axial ; Tryon en cite et en figure une demi-douzaine d'espèces dans les mers de Chine et de Polynésie.

(C). Brachytoma, Swainson, 1840 (*non Brachystoma sec.* Tryon). — Type : *Pl. strombiformis*, Sow. Canal allongé et présentant un sinus antérieur, comme dans les *Strombus ;* l'échancrure du labre est obliquement et profondément entaillée sous une varice à contour finement pectiné, dont est muni le labre à sa partie inférieure ; la spire est à peu près égale au dernier tour. Il n'y a pas lieu de classer dans cette section toutes les espèces qu'y indique Tryon, mais seulement celles qui ont l'aspect strombiforme.

(D). Conopleura, Hinds, 1844. — Une seule espèce, type de la section: *C. striata*, Hinds. C'est une *Drillia*, à spire courte et coniforme, à ouverture très étroite et sinueuse, à canal relativement long et infléchi, à columelle calleuse et à sinus profond.

(E). Calliotectum, Dall, 1889. — Type: *C. vernicosum*, Dall. Coquille ayant la forme d'une *Bela*: l'animal est aveugle, n'a ni dent, ni glande venimeuse; l'opercule a un nucléus apical, il est épais et étroitement courbé.

(F). Typhlomangilia, Sars, 1878. — Type: *T. nivalis*, Lovén. L'animal est aveugle et ressemble à celui de *Bela;* mais la coquille présente une réelle ressemblance avec celle de nos *Eopleurotoma*, toutefois l'embryon est obtus et le sinus voisin de la suture, comme dans le genre *Drillia*, de sorte qu'il n'y a pas lieu d'attacher une grande importance à cette analogie d'ornementation, d'autant moins que *Typhlomangilia* est une forme des mers froides, tandis qu'*Eopleurotoma* habitait des mers tempérées.

(G.) Belomitra, Fischer, 1882. — Se rapproche de *Bela* par son sommet mamelonné, par son sinus à peine indiqué, par son canal court; mais le bord columellaire porte plusieurs petits plis profonds qui rattachent cette forme à *Borsonia*.

(H). Cytharopsis, A. Adams, 1865 (*non Citharopsis*, Pease, 1868). — Type: *C. cancellata*, A. Ad. Coquille non figurée, qui ne paraît se distinguer de *Eucithara* que par son canal un peu moins court et par son ornementation treillissée.

(I). Eucyclotoma, Bœttg. 1895. — Type: *Clathurella bicarinata*, Reeve. D'après l'auteur, cette section doit comprendre des espèces à ouverture édentée, dont le sinus entaillé sur la gouttière suturale est tout à fait circulaire et forme des accroissements ponctués.

De même, *Pseudodaphnella*, Bœttg. 1895 (type: *Cl. Philippinensis*, Reeve) se distinguerait par son canal court, large et échancré.

(J). Taranis, Jeffreys, 1870. — Type: *T. Mörchi*, Malm. Forme de *Peratoloma;* tours cancellés; sinus triangulaire, écarté de la suture: l'embryon, que j'ai examiné sur un échantillon de la coll. de l'École des Mines, est tout à fait globuleux, composé d'un tour et demi, à nucléus dévié et infléchi vers l'intérieur. On peut donc, à la rigueur, admettre *Taranis* comme genre distinct.

(K). Gymnobela, Verrill, 1885. — Type: *G. engonia*, Verrill. D'après les figures de l'ouvrage de Dall sur les dragages du Blake, ce genre rappelle *Taranis* par son ornementation et par la position du sinus à peine indiqué; mais la forme de la coquille est courte et presque globuleuse, le canal est très court.

(L). Zafra, A. Adams, 1872. — Type: *T. pupoidea*, Ad. Coquille décrite dans les *Columbellidæ*, et rapprochée de *Thesbia* par Tryon et par Fischer: sinus à peu près nul, côtes axiales presque droites, canal très court et échancré, bord columellaire calleux et limité. Le fossile que j'avais rapporté à ce groupe (Catal. Eoc. IV) n'est, en réalité, qu'une *Buchozia :* il n'a pas le canal échancré.

(M). Aforia, Dall, 1889. — Type : *Pl. circinata*, Dall. D'après l'auteur, ce groupe ressemble aux *Pleurotoma* typiques, mais l'animal n'a pas d'opercule ; les tours de spire sont carénés et le sinus coïncide avec la carène.

(N). Eubela, Dall, 1889. — Type : *Pl. limacina*, Dall. Classée d'abord par l'auteur dans le genre *Bela*, cette coquille a été ensuite ramenée par lui dans les *Daphnella*, à titre de section : elle paraît caractérisée par sa spire conique et subulée, munie d'un rang de granulations contre la suture, par son canal court et son sinus peu profond, coïncidant avec ces granules.

Genres et sous-genres à éliminer des Pleurotomidæ.

Columbarium, von Martens, 1881. — Type : *C. spinicincta*, v. Mart. J'ai constaté, sur des plésiotypes fossiles de l'Australie du Sud, que les coquilles de ce groupe ont un embryon de *Fusus* bien caractérisé. Fischer place le genre *Columbarium* dans les *Pleurotomidæ*, à cause de l'affinité de sa radule ; mais il n'y a pas de sinus labial et les épines de la périphérie ont un aspect muricoïde : on retrouvera ce genre près des *Fusus*.

Mesochilotoma, Seeley, 1861. — Type non figuré : *M. striata*, Sow. de la Craie d'Angleterre. Taille petite ; forme régulièrement spirale ; spire turriculée, très allongée ; tours convexes, déprimés à la suture ; canal court ? labre avec un sinus qui forme une rainure arrondie au milieu du tour, comme celle de *Pleurotomaria*. Ces caractères hybrides ne permettent pas, à défaut d'une figure, de se faire une opinion sur le classement de cette coquille : comme d'ailleurs elle ne paraît pas avoir été retrouvée, il semble que cette dénomination doit être définitivement abandonnée.

Heteroterma, Gabb, 1869. — Type : *H. trochoidea*, Gabb, de la Craie supérieure de Californie. C'est une coquille épaisse, à spire très courte et tectiforme, à canal long et droit, à labre un peu sinueux, près de la suture d'après le texte, vis-à-vis de l'angle noduleux du dernier tour d'après la figure ; l'échantillon figuré est d'ailleurs incomplet. Dans cette incertitude, il est plus prudent d'attendre de meilleurs matériaux avant de fixer définitivement le classement de ce genre, en admettant qu'il ne se confonde pas avec l'une des nombreuses coupes déjà proposées dans la famille *Fusidæ*.

CLAVATULA, Lamk. 1801.

Spire longue, à embryon obtus; canal assez court, presque droit, subéchancré à son extrémité; sinus écarté de la suture.

Clavatula, *sensu stricto*. Type : *C. muricata*, Lamk. Viv.
(— *Clavicantha*, Swains. 1840).

T est épais ; forme conique ; spire étagée, aiguë ; embryon lisse, conoïde, à nucléus obtus et déprimé, tours plans ou un peu excavés, généralement armés d'une rangée inférieure d'épines ou de tubercules pointus, quelquefois ornés d'une rangée supérieure de costules courtes, croisées par des cordonnets spiraux ; base du dernier tour un peu excavée, s'atténuant rapidement en un canal relativement court et presque droit, sur le cou duquel s'enroule un bourrelet obsolète qui limite les accroissements de l'échancrure de ce canal.

Ouverture piriforme, assez large en arrière, subitement rétrécie en avant, terminée par une troncature à peine sinueuse ou échancrée, à la base du canal siphonal ; labre rectiligne en avant, fortement arqué au milieu, entaillé par un sinus large et triangulaire, à sommet arrondi et écarté de la suture, au-delà duquel le contour du labre aboutit à peu près perpendiculairement à la suture ; bord columellaire lisse, arqué en arrière, rectiligne en avant ; dans l'angle inférieur de l'ouverture, une callosité pariétale limite une gouttière souvent assez profonde.

Diagnose faite d'après des plésiotypes fossiles : *Pl. spinosa*, Grat., de Peloua (Pl. IV, fig. 19), et *Pl. romana*, Defr., de Toscane (Pl. V, fig. 2), ma coll.

Observ. — La plupart des auteurs citent comme exemple du genre *Clavatula* : *C. imperialis*, Lamk. : cependant, en 1801, Lamarck a lui-même désigné *C. muricata* ; il est vrai que c'est une espèce tellement variable que l'on pourrait à la rigueur y réunir l'autre. Quoi qu'il en soit, si l'on s'en réfère au type officiel du genre *C. muricata*, l'une de ses variétés

C. bimarginata, Lamk.) est absolument voisine des formes tertiaires que Bellardi a rapportées au genre *Clavatula* : la diagnose ci-dessus, qui est faite d'après le plésiotype fossile, s'applique, presque sans y changer un mot, à *C. bimarginata* ; il n'y a donc aucun doute sur cette assimilation, d'autant moins que l'ornementation elle-même, qui est très variable chez *C. muricata*, s'y présente avec toutes les formes qu'on constate dans les différents groupes de *Clavatula* tertiaires, épines, granulations, costules tuberculeuses, etc... groupes que Hœrnes et Auinger ont classés au nombre de six, mais qui ne paraissent pas mériter le nom de sections, attendu qu'il y a de fréquents passages de l'un à l'autre.

La dénomination *Clavicantha* a été proposée en 1840 par Swainson pour *Pleurot. imperialis* Lamk. avec cette diagnose « Coquille épaisse, subfusiforme, surface rugueuse, tours subcouronnés, canal court, labre pourvu d'un sinus court et large » ; plusieurs auteurs ont appliqué cette diagnose et le nom *Clavicantha* à des formes qui sont du genre *Drillia* et qui n'ont aucun rapport avec *P. imperialis*. En réalité, *Clavicantha* doit être pris comme synonyme de *Clavatula*, attendu que le type ne se distingue guère, au point de vue spécifique, de *C. muricata*.

Rapp. et diff. — Il y a de réelles affinités entre *Clavatula* et *Pusionella*, ci-dessus décrite dans la famille *Terebridæ*, non seulement par la forme générale, mais par l'opercule et par l'embryon ; cependant l'absence complète de sinus chez *Pusionella*, l'échancrure à peine indiquée à l'extrémité du canal de *Clavatula*, justifient la séparation de ces deux genres et leur classement dans deux familles différentes. L'opinion de Fischer, qui considère *Pusionella* comme une forme intermédiaire entre les familles *Terebridæ* et *Pleurotomidæ*, paraît donc bien fondée : c'est par l'intermédiaire de *Clavatula* que s'effectue cet enchaînement naturel.

Répart. Stratigr.

MIOCENE .... Nombreuses espèces dans les faluns du Bordelais et de la molasse de la Provence et de la Corse, en Italie, dans le bassin de Vienne, etc. (*Cl. asperulata*, Lamk., *calcarata*, Grat., *heros* et *gothica*, Mayer, *Defrancei*, Bell., *styriaca*, *Claræ*, Hœrn. et Auing., etc.), ma coll. et d'après les Monographies de Bellardi et de Hœrnes et Auinger, d'après Depéret et Locard.

PLIOCENE .... Quelques espèces dans le bassin du Rhône, dans les Alpes-Maritimes et en Italie (*Cl. Depereti*, Font., *rustica*, Br., *inflexa*, Bell., *romana*, Defr., *interrupta*, Br., *geniculata* Bell.), ma coll. et d'après la Monogr. de Bellardi. Embryon d'un individu du Messinien d'Orciano (**Fig.** 4), ma coll.

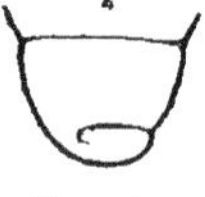

FIG. 4.

EPOQUE ACTUELLE. Outre le type et ses variétés, cinq ou six espèces sur les côtes de l'Afrique occidentale.

TRACHELOCHETUS, Cossm. 1889. Type: *Pleur. desmia*, Edw. Eoc.

Forme conique; spire longue; embryon obtus et mamillé; tours ornés de bourrelets granuleux, profondément excavés au-dessus du bourrelet sutural; dernier tour atténué à la base, terminé par un canal presque droit, peu allongé, qui a le cou gonflé. Ouverture piriforme ; labre plissé à l'intérieur, entaillé sur la rampe excavée, par une échancrure largement arrondie en demi-cercle, aboutissant normalement à la suture ; bord columellaire mince, peu étalé et déprimé en arrière, légèrement gonflé au milieu, obliquement infléchi vers l'embouchure du canal.

Diagnose refaite d'après un échantillon typique de Barton (Pl. IV, fig. 17-18), ma coll.

Rapp. et diff. — Quand j'ai décrit cette section (Catal. Eoc. IV, p. 254), j'ai signalé les différences qu'elle présente avec les véritables *Pleurotoma ;* mais j'ai omis d'indiquer ses rapports avec *Clavatula*, à laquelle elle ressemble tellement qu'on ne peut la distinguer comme genre : c'est tout au plus une section, caractérisée par son ornementation non épineuse, par son cou gonflé et par son labre intérieurement plissé. Ce rapprochement a un réel intérêt, parce qu'il prouve que *Clavatula* commence à apparaître plus tôt qu'on ne le pensait jusqu'à présent, dès la fin de la période éocénique, où sa présence n'avait pas encore été signalée.

Répart. Stratigr.

EOCENE .... L'espèce type dans les couches bartoniennes du bassin anglo-parisien, ma coll.

OLIGOCENE ...... Une espèce voisine du type, dans le Tongrien de l'Allemagne du Nord (*Pl. humilis*, Beyr.), d'après la Monographie de M. von Kœnen.

MIOCENE .... Une espèce douteuse dans le Langhien d'Italie (*Cl. apenninica*, Bell.), d'après la Monographie de Bellardi, qui n'indique pas les caractères de l'ouverture et n'a figuré que la vue dorsale de la coquille ; autre espèce probable dans le Langhien et l'Aquitanien de Saucats, près Bordeaux (*Pl. evoluta*, Mayer), d'après la figure du Journal de Conchyliologie, 1891.

Perrona, Schum. 1817. Type : *P. tritonium*, Schum. Viv.

(= *Tomella*, Swains. 1840 ; = ? *Cochlespira*, Conr. 1865, *fide* Greg.).

Forme variable, tantôt irrégulière et trapue, tantôt conique et subulée ; spire étagée, lisse, aiguë au sommet ; embryon obtus et dévié ; tours plans, dénués d'épines, en gradins, parfois carénés au-dessus de la suture ; base et ouverture de *Clavatula*, avec un canal généralement allongé et infléchi en avant ; sinus labial assez large, plutôt arrondi que triangulaire.

Diagnose faite d'après un plésiotype fossile, (*Cl. Jouanneti*, Desm. var., *descendens*, Hilber, du Tortonien de Lapugy (Pl. V, fig. 1). ma coll. ; et d'après un autre plésiotype subulé, *Cl. semimarginata*, Lamk. de l'étage Langhien de Saucats (Pl. V, fig. 13), ma coll.

Observ. — D'après M. de Gregorio (Alab., p. 37), le genre *Cochlespira*, Conr., qui a pour type *Pleur. engonata*, ne diffère pas de *P. spirata*, et par conséquent fait double emploi avec la section *Perrona :* je n'ai pas les matériaux nécessaires pour contrôler cette assertion, la reproduction de la figure de Conrad très défectueuse représente une coquille carénée qui a plutôt l'aspect d'une *Rouaultia* (voir ce genre).

Rapp. et diff. — Il n'y a que de faibles différences entre *Perrona* et *Clavatula :* l'embryon est un peu plus dévié, le canal est plus long, plus coudé, et la spire est généralement lisse, quoique la carène de certains individus ait quelquefois la trace de tubercules obsolètes, qui seraient comme le premier indice des épines des véritables *Clavatula*. Cependant, si l'on compare à *Clav. imperialis* *Tomella lineata*, Lamk., que Tryon réunit à *Perrona*, on trouve qu'il y a de grandes différences, de sorte que ce n'est qu'en passant par toute la série des formes intermédiaires qu'on reconnaît que *Perrona* n'est tout au plus qu'une section de *Clavatula*. Dans les formes fossiles, l'écart est beaucoup moindre que chez les types extrêmes que je viens de citer : *Cl. Jouanneti*, qui est l'analogue de *Perrona obesa*, Reeve, est extrêmement voisin de certaines variétés de *Cl. gothica*, Mayer, espèce qui se relie d'autre part à *Cl. asperulata*, Lamk. Je n'ai d'ailleurs pas constaté l'existence de *Perrona* fossiles ayant la constriction caractéristique de la spire ni la callosité pariétale de *Tomella lineata*, qui est une forme exceptionnelle, que Fischer a indiquée comme distincte de *Perrona :* il en résulte que je n'ai pas à discuter cette question au point de vue paléontologique.

Clavatula

Répart. Stratigr.

EOCENE .... Deux espèces de *Cochlespira* aux États-Unis (*P. engonata et bella*, Conr.), d'après M. de Gregorio ; mais, ainsi que je l'ai indiqué ci-dessus, je crois que ces coquilles ont plus d'affinités avec le genre *Rouaultia* qu'avec *Perrona*.

MIOCENE .... Plusieurs espèces typiques dans les faluns du Bordelais, dans la molasse de la Provence, en Italie et dans le bassin de Vienne (*C. Jouanneti*, Desm. *carinifera*, Grat. *semimarginata*, Lamk. *spirata*, Math. *vindobonensis*, Partsch), ma coll. et d'après M. Depéret.

EPOQUE ACTUELLE. Environ six espèces sur les côtes de l'Afrique occidentale, du Cap et de l'Australie, d'après le Manuel de Tryon. Embryon de *Tomella lineata* (**Fig.** 5), ma coll.

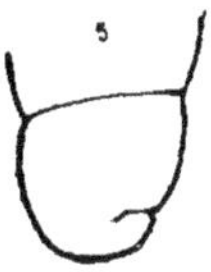

FIG. 5.

SURCULA, H. et A. Adams, 1855.

(= *Turricula*, Schum. 1817, *non* Klein 1753, *nec* Hermann 1783).

Canal long ; échancrure sur la rampe contiguë à la suture ; opercule de *Clavatula*.

SURCULA, *sensu stricto*.

Type : *Pl. Javana*, Lin (= *nodifera*, Lamk), Viv. (= *Pleurofusia*, de Greg. 1890 ; = *Surculites*, Conr. 1865).

Forme allongée, fusoïde ou biconique ; spire turriculée ; embryon lisse, conoïde, à nucléus pointu ; tours convexes en avant, excavés en arrière, souvent costulés sur la partie convexe, parfois anguleux ou subcarénés au-dessus de la rampe postérieure ; sutures bordées d'un bourrelet toujours lisse. Ouverture piriforme, terminée par un canal tantôt un peu infléchi en avant et dilaté à son extrémité, tantôt presque droit et également étroit dans toute sa longueur ; labre mince, lisse à l'intérieur, arqué au milieu, entaillé par une échancrure profonde, qui est située sur la rampe excavée, à peu de distance de la suture ; bord columellaire mince en général, rarement calleux, toujours étroit, terminé en pointe effilée contre l'embouchure du canal.

Diagnose refaite d'après le type vivant, et d'après un plésiotype fossile de l'Eocène de Villiers, dans les environs de Paris, *Pleur. transversaria*, Lamk. (Pl. V, fig. 3-4), ma coll.

Observ. — On pourrait, à la rigueur, distinguer deux sections parmi les *Surcula*, l'une représentée par le type vivant, ayant le canal infléchi en avant, avec un bourrelet obsolète sur le cou et des tours noduleux; l'autre ayant pour type *S. australis*, Roissy, avec le canal presque rectiligne, sans bourrelet, la spire simplement ornée de filets spiraux; c'est à cette dernière forme que s'appliquerait la dénomination *Turricula*, Schum. (Type: *T. flammea*, Sch.), si elle ne tombait pas en synonymie. Mais, même dans les espèces vivantes, il y a de nombreux passages d'une forme à l'autre, et cette transition graduelle est encore plus visible chez les espèces fossiles, dont le canal est quelquefois infléchi (*Pl. intermedia*, Bronn), ou bien parfaitement droit (*Pl. Lamarcki*, Bell.), dont la spire commence avec des côtes et dont le dernier tour est lisse (*S. consobrina*, Bell.). C'est pour cette raison que j'ai éliminé ou rejeté dans la synonymie de *Surcula*, au lieu de les admettre comme sections, *Pleurofusia*, de Greg. et *Surculites*, Conrad : le premier de ces genres a pour type *Pl. longirostropsis*, de Greg. et pour plésiotypes *Pl. Lamarcki* et *anomala* qui sont des *Surcula* à canal droit, ornées de côtes; l'autre genre *Surculites*, proposé par Conrad dans Amer. Journ. Conch. I, p. 219, comme sous-genre de *Surcula*, ne diffère *S. transversaria* que par l'angle subcaréné qui sépare la convexité antérieure, sur chaque tour, de la rampe inférieure et excavée : le type *S. annosus* Conr. est d'ailleurs dans un état de conservation assez défectueux.

Rapp. et diff. — Ce genre se distingue de *Clavatula* par la position de l'échancrure, par la forme de la base et par la longueur du canal; mais la forme de son opercule le place dans la même sous-famille.

Répart. Stratigr.

Sénonien........ Plusieurs espèces dans la Craie supérieure du Missouri (*Turris minor*, Evans et Schum. *contortus* et *Hitzi*, Meek), d'après la Monographie de Meek et Hayden ; quatre espèces dans la Craie de Californie (*S. præattenuata*, *sinuata* et *inconspicua*, Gabb *Turris claytonensis*, Gabb (d'après la Monographie de Gabb et Whitney; autre espèce douteuse dans les marnes vertes de New-Jersey (*S. strigosa*, Gabb), d'après la Monographie de Whitfield; une espèce douteuse dans la Craie du Brésil (*Pleur. Harpya*, White), d'après la Monographie de White.

Surcula

PALEOCENE...... Une espèce dans les sables de Bracheux, *Pl. antiqua* Desh.), ma coll. ; autre espèce à Copenhague (*Pl. Johnstrupi*, v. Kœnen), d'après les figures données par l'auteur.

EOCENE......... Nombreuses espèces dans le bassin anglo-parisien (*Pl. transversaria*. Lamk. *subelegans*, d'Orb. *teretrium*, Edw. *rostrata*, Sol. *Vaudini*, Desh. *dentata*, Lamk. *inarata*, Sow. etc.), ma coll. ; plusieurs espèces dans le Claibornien des Etats-Unis (*Pl. Tuomeyi*, Aldr. *Surc. attenuata*, Conr. *P. longirostropsis*, de Greg.), d'après les figures données par Aldrich et par M. de Gregorio.

OLIGOCENE ...... Plusieurs espèces aux environs de Paris, en Belgique et en Allemagne (*P. belgica*, Goldf. *Selysi* et *regularis*, de Kon. *Zimmermanni*, Phil. *perdita*, Semp. *Beyrichi*, Phil. *rostralina*, v. Kœnen), ma coll. et d'après la Monographie de M. von Kœnen ; autre espèce typique dans le Vicksburgien de Red Bluff, Mississipi (*Pl. longiformis*, Aldr.), ma coll. Embryon de *S. belgica* (**Fig.** 6), ma coll.

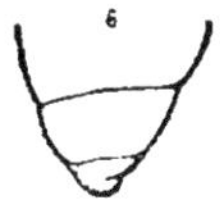

6

FIG. 6.

MIOCENE........ Nombreuses espèces dans le Bordelais, en Italie, en Autriche (*S. striatulata*, Lamk. *perlonga*, Bell. *Sismondæ*, Bell. et Mich. *diademata*, Bell. *Lauræ*, et *Ottiliæ*, Hœrn. et Auing.), ma coll. et d'après les Monographies de Bellardi et de Hœrnes et Auinger.

PLIOCENE........ Nombreuses espèces dans le bassin du Rhône, dans les Alpes-Maritimes, en Italie (*S. mimula*, Font. *dimidiata*, Br. *intermedia*, Bronn. *Coquandi*, Bell. *recticosta*, Bell. etc.) ma coll. et d'après les Monographies de Fontannes et de Bellardi ; plusieurs espèces dans les couches récentes de Java (*Pl. Smithi*, *Dijki* et *gembacana*, Mart.), d'après les études de Martin sur les terrains tertiaires de Java.

EPOQUE ACTUELLE, Une vingtaine d'espèce dans les mers tropicales, d'après le Manuel de Tryon.

ANCISTROSYRINX, Dall. 1881. Type : *A. elegans*, Dall. Viv. (= *Candelabrum*, Dall. 1878, *non* Blainv. 1830).

Forme étroite, en tarière ; spire étagée, à galbe conique ; embryon petit, paucispiré, à nucléus granuleux ; tours en gradins, munis en arrière d'une carène pectinée ou denticulée, sous laquelle est une gouttière excavée, séparée de la suture par une autre carène ou par un bourrelet perlé ; ornementation composée de filets spiraux finement granuleux. Ouverture triangulaire et squalène en arrière, terminée en avant par un canal très long, tout à fait droit, un peu rétréci au milieu, plus dilaté à son extrémité antérieure ; labre obtusément plissé à l'intérieur, peu arqué au milieu, profondément entaillé en demi-cercle sur la gouttière postérieure, entre la crête et la carène suturale, puis antécurrent tangentiellement à la suture ; bord columellaire mince et étroit.

Diagnose refaite d'après un plésiotype fossile du calcaire grossier de Parnes, *Pl. terebralis*, Lamk. (Pl. V, fig. 5-6), coll. Pezant ; vue de l'embryon d'un individu de Cuise (**Fig.** 7), ma coll.

Rapp. et diff. — Cette section se distingue des *Surcula* typiques, non seulement à cause de la crête pectinée qui orne ses tours de spire, mais encore à cause de son embryon un peu différent, moins conoïde et plus petit, enfin parce que le labre des individus adultes est intérieurement plissé. M. Dall a fait remarquer l'analogie extérieure de cette nouvelle coupe et du genre *Columbarium*, von Martens, que beaucoup d'auteurs placent à tort dans la famille *Pleurotomidæ :* ainsi que je l'ai indiqué ci-dessus, outre que *Columbarium* n'a pas de sinus véritablement échancré, son embryon bulbiforme et très gros le rapproche de *Fasciolariidæ*.

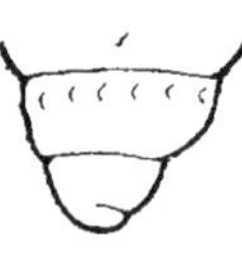

Fig. 7.

Répart. Stratigr.

Paléocène ...... Une espèce douteuse dans les couches de Copenhague (*Pl. aff. Volgeri*, Phil.), d'après la figure donnée par M. von Kœnen ; un fragment très douteux dans le calcaire de Mons (*Pl. ampla*, Br. et Corn.), d'après la Monographie de Briart et Cornet.

Éocène .... Le plésiotype ci-dessus désigné, dans le bassin de Paris, aux niveaux des sables de Cuise et du calcaire grossier, ma coll. ; et dans le Londinien d'Angleterre, d'après Edwards. Autre espèce dans le Claibornien de Jackson, Mississipi (*A. columbaria*, Aldr.), d'après la figure donnée par l'auteur, et d'après la détermination de M. Dall.

Surcula

Oligocène	Une espèce à peu près certaine dans le Tongrien de l'Allemagne du Nord (*Pl. perspirata*, von Kœn.), d'après la Monographie de M. von Kœnen ; autre espèce dans le Vicksburgien du Mississipi (*Pl. cristata*, Conr.), ma coll.
Miocène	Une espèce trapue dans l'Allemagne du Nord (*Pl. circumfossa*, von Kœn.), d'après les figures de l'auteur ; autre espèce dans les couches tortoniennes d'Ostrau-Karwin (*Pl. serrata*, M. Hœrn.), d'après la figure donnée par M. Kittl.
Pliocène...	Une espèce dans le Messinien d'Edeghem, près Anvers (*Pl. Corneti*, v. Kœn. = *subterebralis*, Nyst var.), d'après les figures de l'ouvrage de M. von Kœnen sur le Miocène de l'Allemagne du Nord.
Époque actuelle.	Deux espèces dans le golfe du Mexique (*A. elegans* et *radiata*, Dall), d'après les figures données par l'auteur et la communication qu'il m'a faite d'un échantillon de la seconde espèce.

Apiotoma, Cossm. 1889. Type : *Pleurot. pirulata*, Desh. Eoc.

(= *Strombina*, de Greg. 1890, *ex parte*, *non* Bronn. 1849, *nec* Mörch. 1859)

Forme étroite, piroïde ; spire courte et étagée, à galbe ovoïdo-conique ; embryon conoïdal, à bouton mamillé ; tours carénés ou anguleux, avec une rampe suturale, principalement ornés de filets spiraux ; dernier tour ovale, élancé, à base à peine atténuée, se terminant par un canal extrêmement long, presque entièrement droit ou à peine infléchi vers son extrémité antérieure. Ouverture très étroite, subpiriforme ; labre mince, peu arqué, entaillé par un sinus tout à fait contigu à la suture ; bord columellaire mince, peu distinct.

Diagnose refaite d'après un individu élancé de l'espèce type, provenant de Cuise (Pl. V, fig. 7-8), ma coll.

Observ. — Le sous-genre *Strombina*, de Greg., dans lequel cet auteur place *Pl. stromboides*, Lamk. *Pl. cymæa*, Edw. *nupera* et *gemmata*, Conr., se compose soit de véritables *Surcula*, soit d'*Eopleurotoma* comme on le verra plus loin, soit d'*Apiotoma* comme j'ai pu le vérifier sur des échantillons de Claiborne : dans ces conditions, ce sous-genre tombe nécessairement en synonymie avec des dénominations antérieures, et il doit par conséquent être rayé de la nomenclature. D'ailleurs il n'aurait pu être admis, le nom *Strombina* ayant déjà été précédemment employé par Bronn, puis par Mörch.

Rapp. et diff. — Je conserve cette section de *Surcula*, non seulement parce que la forme piroïde de la coquille est tout à fait caractéristique, mais encore parce que l'embryon, au lieu d'avoir un nucléus régulièrement pointu, se termine par un bouton mamillé qui lui donne un aspect un peu différent ; enfin l'échancrure du labre est moins profonde et placée encore plus près de la suture, avec laquelle le labre se raccorde obliquement, sur un bourrelet tout à fait contigu.

Répart. Stratigr.

EOCENE .... L'espèce type, avec plusieurs variétés, dans le Suessonien et le calcaire grossier des environs de Paris, ma coll. ; et à Clarendon Hill, d'après Edwards, avec *P. cymæa.* Autre espèce dans le Clairbornien de l'Alabama (*P. gemmata*, Conr.), ma coll. : quant à *P. nupera*, Conr., ce n'est probablement qu'un individu de *gemmata*, dont le canal mutilé paraît plus court.

CLINURA, Bell. 1875. Type : *C. Calliope*, Bell. Mioc.

Forme conique, assez ventrue ; spire courte, imbriquée ; tours fortement carénés en avant, largement excavés en arrière, finement ornés au-dessous de la carène qui est dentelée ; dernier tour très grand, à base excavée, terminé en avant par un canal médiocrement allongé, assez étroit, obliquement infléchi à droite de l'axe. Ouverture subtriangulaire, rétrécie du côté antérieur ; labre peu arqué, formant une saillie proéminente vis-à-vis de la carène, entaillé sur la rampe postérieure par un sinus largement arrondi en quart de cercle incomplètement fermé, et aboutissant presque perpendiculairement à la suture ; columelle un peu sinueuse, faisant en arrière un angle arrondi avec la base de l'avant-dernier tour ; bord columellaire mince et peu calleux, lisse.

Diagnose faite d'après un échantillon typique du Messinien de Sienne (Pl. V, fig. 19), ma coll.

Rapp. et diff. — Quand Bellardi a créé ce sous-genre, il l'a placé dans la sous-famille *Pseudotominæ;* l'opinion de Fischer, qui le rapproche au contraire de *Surcula*, me paraît mieux fondée, attendu que *Clinura* a un canal plus allongé et une entaille mieux échancrée que *Pseudotoma*. Cependant cette entaille n'a pas la profondeur de celle d'*Ancistrosyrinx*, qui y ressemble par sa crête dentelée, mais qui s'en écarte par son canal long et droit. En résumé, la forme toute particulière de cette coquille justifie la séparation d'un sous-genre distinct de *Surcula s.s.*

Répart. Stratigr.

MIOCÈNE	L'espèce type en Italie, ma coll.; plusieurs autres espèces en Italie et dans le bassin de Vienne (*Pl. controversa*, Jan, *trochlearis* et *sopronensis*, Hœrn.), ma coll. et d'après les figures des Monographies de Bellardi et de Hœrn. et Auinger.
PLIOCÈNE........	Outre le type, deux espèces dans les Alpes-Maritimes et en Italie (*C. sabatorium*, Bell. et *Pl. elegantissima*, For.), ma coll. et d'après les figures de la Monogr. de Bellardi.

PLEUROTOMA, Lamk. 1798.

(= *Turris*, Bolten 1798, *non* Humphrey 1797 ;
= *Leucosyrinx*, Dall 1889).

Sinus sur la carène, écarté de la suture inférieure ; bord columellaire non calleux.

PLEUROTOMA, *sens. str.* Type : *Murex babylonius*, L. Viv.

Forme turriculée, fusoïde; spire longue, aiguë ; embryon conoïde, à nucléus obtus ; tours anguleux, généralement crénelés sur l'angle, ou cerclés par des cordonnets spiraux. Ouverture piriforme, terminée par un canal long, ouvert, tantôt presque droit, tantôt présentant une double inflexion, non échancré à son extrémité antérieure qui est à peu près dans l'axe de la coquille ; labre mince, très arqué au milieu, muni en arrière d'une entaille étroite, profonde, éloignée de la suture et coïncidant avec la rangée de crénelures ou de plis qui marquent les arrêts de l'accroissement du sinus ; à partir de ce sinus, le contour du labre est obliquement antécurrent vers la suture; bord columellaire lisse, assez large et vernissé en arrière, aminci vers l'extrémité du canal.

Diagnose faite d'après un plésiotype de l'Astien de Cannes, *P. rotata*, Br. (Pl. V, fig. 14-15) et du Plaisancien de Biot (fig. 16); pour l'entaille, autre espèce du Plaisancien de Biot, *Pl. turricula*, Br. (Pl. V, fig. 11-12), ma coll.

Observ. — Lorsque Bolten a proposé, avant la création du genre *Pleurotoma*, par Lamarck, la dénomination *Turris*, pour *Murex babylonius*, ce nom avait déjà été employé par Humphrey pour un groupe de *Turritella;* il est vrai que, déjà en 1705, Rhumphius a désigné *M. babylonius*, sous le nom de *Turris babylonica;* mais cette dénomination, qui n'a été appuyée par aucune règle de nomenclature binominale, est rejetée par la plupart des auteurs qui conservent *Pleurotoma*.

Dans sa magistrale étude sur les *Pleurotomidæ*, Bellardi a exposé les difficultés qu'on rencontre, lorsqu'on cherche à établir une classification naturelle des *Pleurotoma* proprement dits, c'est-à-dire des coquilles qui ont le sinus situé sur la carène médiane, et le canal plus ou moins long : il est à peu près impossible de trouver des caractères tranchés qui aient assez de constance pour motiver la séparation de sous-genres ou de sections. Cependant, en ce qui concerne particulièrement la longueur du canal, il y a une réelle incompatibilité dans le rapprochement à faire entre les formes vivantes dérivant de type, telles que *P. grandis*, Gray, *variegata*, Kiener, dont le canal allongé est à peu près droit, ou *P. tigrina* Lamk., dont le canal est encore très long, mais doublement infléchi, et *P. cingulifera*, Lamk. par exemple, dont le canal coupé presque à sa naissance rappellerait complètement les *Drillia*, si la position du sinus ne démontrait pas qu'il s'agit bien d'un *Pleurotoma*.

Aussi les auteurs qui, soit en conchyliologie vivante (Tryon), soit en Paléontologie (Bellardi), ont étudié de longues séries de *Pleurotoma*, ont-ils presque toujours divisé leur énumération des espèces en deux groupes au moins: espèces à canal allongé — c'est la forme typique, — et espèces à canal court, pour lesquelles aucun nom n'avait été proposé jusqu'en 1889, à l'époque où j'ai établi trois nouvelles sections (*Hemipleurotoma*, *Eopleurotoma* et *Oxyacrum*), pour des formes éocéniques qui ne se rattachent pas exactement au type.

Dans ces conditions, la dénomination *Pleurotoma* serait restreinte aux formes à canal long, plus ou moins droit, dont l'entaille latérale est placée sur une bande saillante, située environ vers la moitié de la hauteur de chaque tour, quelquefois plus en avant encore, et souvent ornée de crénelures qui marquent les arrêts de l'accroissement du sinus, tandis que le reste de la surface est simplement orné de cordonnets plus ou moins serrés, plus ou moins saillants.

Rapp. et diff. — Outre la différence de l'opercule, caractère dont les paléontologistes ne peuvent faire usage, *Pleurotoma* se distingue de *Surcula* par la position de l'échancrure qui n'est jamais placée entre la carène et la suture, mais qui coïncide toujours avec cette carène ; en outre, le nucléus embryonnaire est moins pointu, et ressemblerait plutôt à celui de *Clavatula :* toutefois ce dernier genre se distingue par sa large échancrure, par sa base excavée. J'ai cité dans la synonymie le sous-genre *Leucosyrinx*, Dall, qui ne paraît se distinguer du type que par son canal un peu moins long par son test mince et blanchâtre, par son sinus peu profond.

Répart. Stratigr.

Eocène......... Pas de forme européenne connue, mais une espèce aberrante, dans l'Australie du Sud, à embryon paucispiré dont le nucléus est obtus et dévié, ayant le canal court et large, un peu infléchi, les tours cerclés de cordonnets, etc... (*P. perarata*, Tate), ma coll.

Oligocène....... Une espèce certaine aux environs de Paris, en Belgique, dans le bassin de Mayence et dans la Haute Italie (*Pl. Sandbergeri*, Desh.), ma coll. ; plusieurs espèces dans le Tongrien inférieur de l'Allemagne du Nord (*P. plana*, Gieb. *explanata*, v. Kœn.), d'après la Monogr. de M. von Kœnen.

Miocène........ Nombreuses espèces en Italie, dans le bassin de Vienne, dans les faluns de Bordeaux et la molasse de Provence (*P. rotata*, Br. *trifasciata*, Hœrn. *Carolinæ*, Hœrn. et Auing. *spiralis*, M. de Serres, *cuneata*, Dod. *vermicularis*, Grat. *coronata*, Munst. etc.), ma coll. et d'après la Monogr. de Bellardi.

Pliocène........ Plusieurs espèces en Italie et dans le Crag. (*P. monilis*, Br. *turricula*, Br. *non* Montg., *rotata*, Br., *turrifera*, Nyst), ma coll. et d'après les Monographies de Bellardi et Wood; plusieurs espèces dans le Tertiaire supérieur de Java (*P. Woodwardi*, *gendiganensis* et *grissensis*, Mart.), d'après la Monogr. de Martin. Embryon de *P. rotata*, de Biot. (**Fig.** 8), ma coll.

Fig. 8.

Époque actuelle. Une vingtaine d'espèces dans les mers chaudes, d'après le Manuel de Tryon.

Hemipleurotoma, Cossm. 1889.

Néotype : *Pl. denticula*, Bast. Mioc.

(= *Coronia*, de Greg. 1890, *ex parte*).

Forme turriculée, clavatulée ; spire longue, à galbe conique ; embryon de *Pleurotoma ;* tours généralement crénelés, excavés en arrière, et munis contre la suture d'un bourrelet ou d'une carène lisse ; dernier tour à base sinueuse, terminé par un canal peu allongé, presque droit. Ouverture piriforme, subitement rétrécie à la naissance du canal ; labre très arqué avec un sinus presque rectangulaire, vis-à-vis la rangée de crénelures, généralement au-dessous du milieu de la hauteur des tours ; bord columellaire mince et peu calleux.

Diagnose refaite d'après le nouveau néotype, échantillon du Langhien de Léognan (Pl. V, fig. 9-10), ma coll. Autre espèce plésiotype *Pl. Giebeli*, Bell. du Tortonien de Salles (Pl. V, fig. 20-21), ma coll.

Observ. — En 1889, j'ai choisi comme type de cette section *P. Archimedis*, Bell., c'est-à-dire la première des espèces décrite par Bellardi dans la seconde section de ses Pleurotomes ; malheureusement c'est une espèce rare, dont le type figuré a le canal très mutilé et qui ne peut servir utilement à résumer les caractères essentiels de notre groupe. C'est pourquoi je n'hésite pas à suppléer à cette indication par celle d'un néotype, appartenant évidemment à la même section, mais plus répandu et d'ailleurs plus ancien au point de vue stratigraphique.

La dénomination *Hemipleurotoma*, qui indique bien qu'il s'agit de demi-Pleurotomes, est antérieure d'une année à *Coronia*, de Greg. et peut être considérée comme absolument synonyme, attendu que notre confrère sicilien a pris comme type de son sous-genre *Pl. acutirostra*, Conr. de Claiborne, qui est une espèce très voisine de *Pl. denticula*, et qu'en outre il comprend parmi les espèces caractéristiques de son sous-genre *Coronia*, *Pl. Archimedis* et *denticula*, qui sont le type et le néotype de *Hemipleurotoma :* il est vrai qu il y classe également *P. terebralis*, qui est un

Ancistrosyrinx, et *P. rotata* qui est un *Pleurotoma* typique, mais ce serait une raison de plus pour abandonner la dénomination *Coronia*.

Rapp. et diff. — Ainsi que je l'ai indiqué à propos de *Pleurotoma s. s.*, il n'est pas aisé de fixer exactement la limite de cette section : la brièveté du canal, la position de l'échancrure moins écartée de la suture, quoique placée sur une carène saillante et crénelée, l'existence d'un bourrelet non perlé près de la suture inférieure, sont des caractères un peu fugitifs, de sorte que l'hésitation est permise quand il s'agit de classer dans un groupe ou dans l'autre certaines espèces intermédiaires. Ainsi, par exemple, j'avoue que, pour quelques variétés de *P. coronata*, Munst. et *subcoronata*, Bell. des échantillons pourraient, à la rigueur, être classés dans les *Pleurotoma* typiques, et d'autres dans les *Hemipleurotoma*. Il semblerait en résulter que cette dernière section est arbitraire et qu'il est préférable de la supprimer radicalement. Néanmoins, comme il est inadmissible de réunir des formes extrêmes, telles que, parmi les coquilles vivantes, *P. grandis* d'une part et *P. cingulifera* d'autre part, qui sont les deux extrêmes opposés, en ce qui concerne la longueur du canal, je préfère conserver *Hemipleurotoma*, qui répond à une subdivision déjà pressentie par Bellardi, et sacrifier le classement des espèces douteuses qui établissent graduellement la transition entre cette section et la forme typique.

Répart. Stratigr.

PALEOCENE....... Une espèce certaine dans les sables de Bracheux (*P. Laubrierei*, Cossm.), ma coll. ; autre espèce dans le Landénien de Belgique (*P. sub-Duchasteli*, Vinc.) d'après la figure publiée par l'auteur ; une espèce probable dans le calcaire de Mons (*P. Pauli*, Br. et Corn.), d'après la Monogr. de Briart et Cornet.

EOCENE.......... Plusieurs espèces dans le bassin anglo-parisien (*P. Nilssoni*, Desh., *Prestwichi*, Edw., *metableta*, Cossm. *cancellata*, *Wateleti*, *uniserialis*, Desh. *plebeia*, Sow.), ma coll. ; dans le Claibornien des Etats-Unis (*P. acutirostra*, Conr. *Desnoyersi* et *Beaumonti*, Lea, etc.), ma coll. ; dans l'Australie du Sud (*P. Samueli* et *murndeliana*, T. Woods), ma coll.).

OLIGOCENE....... Plusieurs espèces dans le bassin de Paris, en Belgique et en Allemagne (*P. Parkinsoni*, Desh., *Duchasteli*, Nyst., *laticlavia*, Beyr., *difficilis*, Gieb., *undatella*, Phil., *lunulifera* et *odontophora*, V. Kœn, *undiclavia*, Beyr., *læviuscula*, Sow. etc.), ma coll. et d'après la Monogr. de M. von Kœnen.

MIOCENE......... Outre le néo-type, nombreuses espèces dans le Bordelais, en Italie et dans le bassin de Vienne (*P. Gie-*

Pleurotoma

beli, *Galvanii*, *coronifera*, *desita* et *stricta*, Bell. *contigua*, Br., *decorata* et *multistriata*, Bell., *aquensis*, Grat., *Annæ* et *Mathildæ*, Hœrn. et Auing.), ma coll. et d'après les Monogr. de Bellardi et de Hœrnes et Auinger.

PLIOCENE........ Plusieurs espèces dans le Crag. d'Angleterre et de Belgique (*P. porrecta*, Wood, *semicolon*, Sow., *Icenorum*, Wood. *Udekemi*, Nyst.), ma coll. et d'après la Monogr. de Wood; dans le Tertiaire supérieur de Java (*P. Sondeiana*, *odengensis*, *karangensis*, Mart.), d'après la Monogr. des fossiles de Java.

EPOQUE ACTUELLE. Nombreuses espèces dans la mer Rouge, l'Océan indien, les mers du Japon et de la Polynésie. (*P. cingulifera*, Lamk., *erythræa*, Jickeli, *violacea*, Hinds), d'après le Manuel de Tryon ; aux Açores, à une profondeur de 1,557 mètres, dragages du prince de Monaco, coll. Dautzenberg, l'échantillon a son opercule avec nucléus apical.

EOPLEUROTOMA. Cossm. 1889. Type : *P. multicostata* Desh. Eoc.

(= *Strombina*, de Greg. 1890, *ex parte, non* Mörch 1859, *nec* Bronn 1849).

Forme turriculée ; spire allongée, à galbe conique ; embryon paucispiré, à nucléus obtus ou papilleux ; costules obliquement arquées, subnoduleuses au tiers de la hauteur de chaque tour, interrompues ou atténuées sur une dépression postérieure, reparaissant près de la suture inférieure, le long de laquelle elles forment un bourrelet perlé ; dernier tour peu atténué, à base régulièrement déclive, terminé par un canal court, toujours tordu. Ouverture étroite et piriforme ; labre arqué, entaillé par une échancrure peu profonde, peu écartée de la suture, et coïncidant avec les nodosités qui accentuent généralement l'angle des costules arquées ; columelle coudée au milieu de sa hauteur, infléchie en avant ; bord columellaire étroit et calleux.

Diagnose refaite d'après le type, et d'après un plésiotype de l'Eocène de Villiers, *Pl. curvicosta*, Lamk. (Pl. VI, fig. 1-2), ma coll. Vue de l'embryon (**Fig.** 9).

Observ. — Le sous-genre *Strombina*, que M. de Gregorio a proposé, dans sa Monographie de l'Alabama, pour *P. nupera*, Conr., est partiellement synonyme de notre section *Eopleurotoma*, car cette espèce est absolument du même groupe que *P. curvicosta ;* il est vrai que l'auteur classe dans le même sous-genre : *Pl. gemmata*, Conr. qui est un *Apiotoma*, *Pl. heros* et *Seguini*, Mayer, qui sont des *Clavatula* absolument caractéristiques, et *P. cymæa*, Edw. qui est une *Surcula* du même groupe que *S. dentata*, Lamk. ; mais c'est un motif de plus pour ne pas conserver une coupe formée d'une manière aussi hybride ; enfin la dénomination *Strombina* avait déjà été employée deux fois avant 1890.

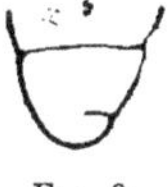

Fig. 9.

Rapp. et diff. — Il est beaucoup plus aisé de séparer *Eopleurotoma* de *Pleurotoma*, que *Hemipleurotoma;* outre que l'ornementation a un faciès particulier, le canal un peu coudé, la columelle calleuse, l'embryon obtus, l'échancrure peu profonde et voisine de la suture, sont des caractères distinctifs dont on ne peut méconnaître l'importance. D'ailleurs, je ne connais pas d'espèce intermédiaire entre *Eopleurotoma* et *Hemipleurotoma*, la séparation est bien tranchée et le classement des coquilles dans l'une ou l'autre de ces sections offre d'autant moins de difficultés que les *Eopleurotoma* paraissent exclusivement cantonnés à la partie inférieure des terrains tertiaires.

Répart. Stratigr.

Paleocene....... Plusieurs espèces probables dans le calcaire de Mons (*P. Hannoniæ*, *Malaisei* et *Duponti*. Br. et Corn.) d'après la Monogr. de Briart et Cornet ; une espèce dans le bassin de Paris (*P. infraeocænica*, Cossm.), ma coll. ; deux espèces dans les couches de Copenhague (*P. Seelandica* et *Torelli*, v. Kœn.), d'après les figures de l'auteur.

Eocene......... Outre le type, nombreuses espèces dans le bassin anglo-parisien et dans le Claibornien des États-Unis (*P. undata*, *bicatena*, Lamk. *Lajonkairei expedita*, *propinqua*, *fluctuosa*, *rudiuscula*, *plicaria*, *tenuistriata*, Desh., *oligocolpa*, Cossm., *nupera*, Conr., *Hœninghausi*, *Sayi*, Lea, *depygis*, Conr., etc.).

Oligocene..... .. Une espèce certaine dans les environs d'Étampes (*P. Leunisi*, Phil.), ma coll. ; autre espèce dans le Tongrien inférieur de l'Allemagne du Nord (*P. edentata*, v. Kœn.), d'après la Mon. de M. Kœnen.

Oxyacrum, Cossm. 1889. Type : *Pl. obliterata*, Desh. Eoc.

Forme biconique ; spire peu allongée ; embryon lisse, conoïde, polygyré, à nucléus pointu ; tours ornés de costules arquées, interrompues par une dépression inframédiane ; base du dernier tour obliquement déclive ; canal très court, peu courbé, à peine rétréci, largement tronqué sans échancrure à son extrémité antérieure. Ouverture étroite, à peine plus large en arrière que sur la hauteur du canal ; labre mince, fortement arqué, entaillé un peu au-dessous de l'angle des côtes, vis-à-vis la dépression spirale du dernier tour ; columelle un peu calleuse, bombée au milieu.

Diagnose refaite d'après un échantillon de l'espèce type, provenant du calcaire grossier de Mouchy (Pl. V, fig. 17-18), ma coll. Vue de l'embryon (**Fig. 10**).

Fig. 10.

Rapp. et diff. — Par son ornementation, cette section se rapproche beaucoup d'*Eopleurotoma ;* mais, outre que le canal est encore plus court et plus droit, que la forme est plus biconique, l'échancrure est un peu au-dessous de la rangée de crénelures et ne coïncide pas avec elle ; enfin l'embryon est bien différent et sa pointe est tout à fait caractéristique. C'est un petit groupe fort intéressant, qui me paraît localisé, jusqu'à présent du moins, dans le bassin anglo-parisien.

Répart. Stratigr.

Eocène......... Outre le type, plusieurs espèces dans le Parisien et le Bartonien (*P. inflexa*, Lamk. *constricta*, *lepta*, Edw. *contabulata*, Desh.), ma coll.

DRILLIA, Gray, 1838.

Canal court ; labre subvariqueux ; sinus voisin de la suture.

Drillia, *sens str.* Type : *P. umbilicata,* Gray. Viv.

(= *Moniliopsis*, Conr. 1865).

Forme étroite, fusoïde ; spire turriculée, longue ; embryon lisse, polygyré, conoïde, à nucléus obtus ; tours convexes en avant, où ils sont ornés soit de costules, soit de nodosités obliques, séparées en arrière, par une dépression spirale, d'un bourrelet plus ou moins saillant qui accompagne la suture ; dernier tour plus petit que le reste de la spire, à base arrondie, terminé en avant par un canal court, large, oblique et un peu infléchi à gauche à son extrémité, qui est légèrement échancrée : sur le cou du canal s'enroule un bourrelet obsolète qui correspond à cette échancrure. Ouverture assez étroite, piriforme, peu rétrécie du côté antérieur, munie d'une gouttière dans l'angle postérieur ; labre peu arqué, épaissi ou même variqueux sur la partie de son contour qui correspond aux côtes, entaillé sur la dépression spirale par une échancrure peu profonde, puis antécurrent obliquement vers la suture ; bord columellaire étroit, calleux, souvent muni d'une petite gibbosité vis-à-vis de la gouttière postérieure.

Diagnose faite d'après un plésiotype fossile du Plaisancien de Biot, *D. Allionii*, Bell. (Pl. V, fig. 3-5), ma coll. Vue de l'embryon (**Fig. 11**).

Observ. — L'interprétation du genre *Drillia* a peu varié : la plupart des auteurs admettent *D. cagayanensis* comme type de ce genre, quoique la première espèce de Gray soit *P. umbilicata;* l'une et l'autre sont d'ailleurs moins élancées que notre plésiotype ; cependant Tryon classe dans la section *Brachytoma* la plupart des *Drillia* typiques et en conserve d'autres dans la section *Drillia s. s.;* il y a évidemment absence d'homogénéité dans son groupement, qui serait à réviser. Aussi, en ce qui concerne les espèces fossiles, le rapprochement proposé par Bellardi, qui classe *D. Allionii* comme la première des espèces typiques de *Drillia*, me paraît beaucoup plus conforme à l'interprétation correcte du genre de Gray, c'est-à-dire à celle qui résulte de l'élimination successive des types des sections postérieurement créées aux dépens de ce genre par les autres auteurs.

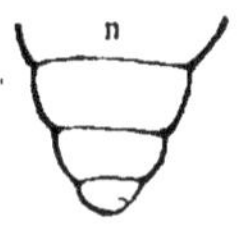

Fig. 11.

Quant au genre *Moniliopsis*, Conr., qui a pour type *Pl. elaborata*, Conr., je n'y vois d'autres différences avec les *Drillia* que celles qui résultent de l'ornementation : de profonds sillons spiraux découpent des rubans sur des plis axiaux, au lieu que les *Drillia* ont habituellement des costules subnoduleuses et des filets spiraux : ce n'est pas un motif suffisant pour justifier même la séparation d'une section.

Rapp. et diff. — *Drillia* se distingue de *Surcula* et *Pleurotoma* par la brièveté et par la largeur du canal, qui est en outre échancré à son extrémité antérieure, et muni d'un bourrelet sur le cou. Cependant quelques *Drillia* ressemblent beaucoup à *Eopleurotoma* qui a aussi le canal assez court, mais on les en distingue de suite par la position de l'échancrure qui ressemble à celle de *Surcula;* d'autre part, l'épaississement du labre est un caractère particulier aux *Drillia*, et qu'on ne trouve ni chez *Pleurotoma*, ni chez *Surcula;* je n'en rapproche que pour mémoire *Trachelochetus* qui a le canal droit, le cou gonflé, le labre plissé, l'échancrure située plus haut, etc.

Répart. Stratigr.

ÉOCENE.......... Nombreuses espèces dans le bassin anglo-parisien, dans le Claibornien des États-Unis et dans l'Australie du Sud (*P. nodulosa.* Lamk. *brevicauda*, *obliquata*, *granifera*, *brevicula*, Desh. *Bouryi*, *calvimontensis*, Cossm, etc... *elaborata*, Conr. *integra*, T. Woods), ma coll.

OLIGOCENE....... Plusieurs espèces dans le bassin de l'Adour, en Belgique, en Allemagne (*P. crassinoda*, Desm., *acuticostata*, Nyst, *D. Semperi, acaulis*, *truncatula*, *aberrans*, v. Kœn etc.), ma coll. et d'après la Monogr. de M. von Kœnen ; trois ou quatre espèces probables dans le Vicentin (*P. inaspecta*, *Gnatæ, ambigua*, Fuchs), d'après la Monogr. de Fuchs.

MIOCENE........ Plusieurs espèces en Touraine, dans le Bordelais, en Italie, dans le bassin de Vienne et de l'Allemagne du Nord (*D. Euphrosinæ*, Mayer, *Bellardii*, Desm., *Scillæ*, Bell., *Pareti*, Mayer, *crebricosta*, Mayer, *multinoda*, Grat. *Suessi*, Hœrn., *Auingeri*, R., Hœrn. *Victoriæ*, H. et A., *spinescens*, Partsch, *Hosiusi*, von Kœn.), ma coll. et d'après les Monogr. de Bellardi, de Hœrnes et Auinger, et de von Kœnen.

PLIOCENE........ Plusieurs espèces dans les Alpes-Maritimes, le bassin du Rhône, en Italie, à Java (*D. Allionii* Bell. *obtusangula*, Br., *pinensis*, Bell., *hypoglypta*, Font., *interrupta*, *echinata*, Lamk. *Ermelingi*, *inexspectata*, *bataviana*, Mart., *Martini*, Cossm. = *nodosa*, Mart. *non* Bell.), ma coll. et d'après les Monogr. de Bellardi, de Fontannes et de Martin.

EPOQUE ACTUELLE. Très nombreuses espèces dans toutes les mers, presque toutes celles de la section *Brachytoma* dans le Manuel de Tryon, à l'exception de quelques formes stromboïdes qui appartiennent effectivement à cette section.

CRASSISPIRA, Swainson, 1840.

Type: *P. Bottæ*, Val. (= *incrassata*, Sow. *non* Defr.). Viv.

(= *Tripia*, de Greg, 1890 ; = *Crassopleura*, Monts. 1884).

Forme étroite, turriculée; spire à galbe conique ou conoïde; embryon paucispiré tout à fait obtus; tours ornés de côtes tuberculeuses ou granuleuses, cessant subitement au-dessus de la dépression spirale qui les sépare de la suture; dernier tour peu convexe, à base obliquement déclive, terminé par un canal très brièvement tronqué et assez profondément échancré, sur le cou duquel est un gonflement, plutôt qu'un bourrelet, correspondant aux accroissements de cette échancrure. Ouverture étroite, à bords à peu près parallèles; labre arqué, mince à son contour, généralement variqueux en arrière de ce contour, profondément entaillé sur la dépression postérieure, par une échancrure étroite et parallèle à la suture; bord columellaire oblique, calleux, assez large, recouvrant plus ou moins hermétiquement la fente ombilicale qui le sépare du bourrelet sur le cou du canal.

Diagnose faite d'après des plésiotypes fossiles: l'un, *D. Brocchii*, Bon. de l'Astien de Cannes (Pl. VI, fig. 6-7), ma coll.; l'autre, *D. angulosa*, Desh. de l'Eocène moyen de Villiers (Pl. V, fig. 22-23), ma coll. Vue de l'embryon (Fig. 12).

Observ. — J'inscris comme synonyme de *Crassispira* le sous-genre *Tripia*, de Greg., qui a pour type *P. anteatripla*, espèce tout à fait voisine de notre *P. angulosa* du bassin de Paris: c'est tout un groupe de petites espèces moins grossièrement costulées que le type de *Crassispira*, ou même uniquement carénées; mais je ne crois pas que cette différence de l'ornementation, d'ailleurs très variable, justifie la séparation d'une section. Je réunis également à ce sous-genre le groupe *Crassopleura*, Monterosato, dont le type *P. Maravignæ* ne paraît se distinguer que par sa columelle plus calleuse.

FIG. 12.

Rapp. et diff. — C'est principalement par la brièveté et par la largeur du canal qu'on distingue assez facilement *Crassispira* de *Drillia s. s.;* en outre, ce canal est plus échancré, l'entaille du sinus est plus profonde;

enfin l'embryon est paucispiré et bien plus obtus. Quant à l'ornementation, elle est moins tuberculeuse et elle se réduit parfois à des filets spiraux, sur lesquels les granulations des premiers tours ne persistent pas jusqu'au dernier.

Répart. Stratigr.

EOCENE......... Nombreuses espèces de petite taille dans le bassin anglo-parisien et dans le Claibornien des Etats-Unis (*P. angulosa*, Desh. *turrella* et *granulata*, Lamk. *filifera*, Mell. *brachia*. Edw. *Danjouxi*, Baudon, *subgranulosa*, d'Orb. *Mausseneti* et *hypermeces*, Cossm. *Lonsdalei*, Lea, *anteatripla* de Greg. *abundans*, Conr.), ma coll. et d'après la Monogr. de M. de Gregorio sur l'Eocène de l'Alabama.

OLIGOCENE....... Plusieurs espèces dans le Tongrien de l'Allemagne du Nord (*P. bicingulata*, *D. truncatula*. v. Kœn.), d'après la Monogr. de M. von Kœnen.

MIOCENE........ Nombreuses espèces dans le Bordelais, en Touraine, en Italie, dans le bassin de Vienne et l'Helvétien des Açores, dans la Virginie et la Floride (*P. fallax*, Grat. *Geslini*, Desm. *pustulata*, Br. *terebra*, Bast. *fratercula*, Bell., *varicosta*, Bon. *gibberosa*, Bell. *Athenaïs* Mayer, *bifilosa* Bell. *strombillus*, Duj. *obeliscus*, Desm. *latesulata*, Bell. *distinguenda*, Mayer, *granaria*, Duj. *Herminx*, H. et A. *perturrita*, Bronn, *ebenina*, Dall, *ostrearum*, Stearns) ma coll. et d'après les Monogr. de Bellardi, de Hœrnes et Auinger, de Dall, de Mayer.

PLIOCENE........ Plusieurs espèces en Italie, dans le bassin du Rhône à Java, dans la Floride (*D. Brocchii*, Bon. *crispata*, Jan, *Calurii*, de Stef. *hypoglypta*, Font. *Djocdjocartæ*, Martin, *Buffoni* et *Torcapeli*, Mayer, *podagrina*, *piscator*, *acurugata*. Dall), ma coll. et d'après les Monogr. de Bellardi, de Fontannes, Martin, Dall, etc.

EPOQUE ACTUELLE. Nombreuses espèces dans toutes les mers, d'après le Manuel de Tryon.

CYMATOSYRINX, Dall, 1889. Type : *P. lunata*, Lea. Mioc.
(= *Clavus*, Montf. 1810, *non Clava*, Gm. 1789, *nec* Humphrey, 1797).

Forme en général trapue ; spire souvent très courte ; tours tuberculeux, ou ornés de costules noduleuses sur l'angle médian, généralement dénués de filets spiraux, ou faiblement striés; base un peu convexe, portant souvent une chaînette antérieure de granulations, se terminant par un canal très court, très large, dont le cou porte quelques sillons enroulés en spirale. Ouverture subrhomboïdale, à peine rétrécie en avant; labre arqué, entaillé contre la suture par une échancrure plus profonde que la sinuosité des côtes; bord columellaire large et calleux.

Diagnose faite d'après une espèce vivante, typique du genre *Clavus*, *P. auriculifera*, Lamk. ma coll.; et d'après un plésiotype fossile du calcaire grossier de Villiers, *P. simplex*, Desl. (Pl. V, fig. 24-25), ma coll., ce dernier se rapprochant davantage de la forme *Cymatosyrinx*.

Observ. — Le nom *Clavus* Montf. est un double emploi évident avec *Clava*, dont il ne diffère que par la désinence, et qui a été bien antérieurement employé par Gmelin, pour un genre de Polypiers, par Martynn, pour une espèce de *Vertagus* (d'après Dall) et par Humphrey pour un genre de Mollusques. C'est pourquoi j'y substitue *Cymatosyrinx*, dont le type est un *Clavus* parfaitement caractérisé et qui s'applique mieux aux formes fossiles dénuées des épines dont est parfois orné *P. auriculifera*. Quant à la dénomination *Clavicantha*, Swainson, elle a été considérée par la plupart des auteurs comme exactement synonyme de *Clavus* : mais il n'est pas possible de la reprendre pour corriger le double emploi qui a échappé à Montfort; ainsi que je l'ai signalé plus haut, *Clavicantha* a été proposé pour *Pleurot imperialis*, Lamk., qui est un *Clavatula*, et ne peut convenir, à aucun titre, aux espèces du groupe de *Clavatula scabra*, Lamk., qui est le type du genre *Clavus*, Montf. En résumé, en admettant même que l'on veuille conserver une dénomination distincte à créer pour *P. auriculifera*, et quelques autres formes vivantes tout à fait épineuses, cela n'empêcherait pas d'admettre également *Cymatosyrinx*, pour les espèces fossiles simplement noduleuses et pour la plupart des autres *Clavus*, de l'époque actuelle.

Rapp. et diff. — La diagnose de cette section, qui comprend des formes très variées, est nécessairement empreinte d'indécision : néanmoins, on peut dire que *Cymatosyrinx*, qui a le même embryon que *Drillia s. s.*, s'en écarte par son ornementation et par la brièveté de son canal; comparée à *Crassispira*, qui a le canal aussi court, elle s'en distingue par ses costules noduleuses, par son embryon moins obtus, par son sinus contigu à la suture : quand l'ouverture n'est pas complètement formée, on pourrait croire que le sinus a la même courbure que les côtes arquées qui bordent la suture ; mais, sur le bord du labre des individus adultes et bien intacts, on constate que l'échancrure est assez étroite et profonde comme celle de *Crassispira*, quoique moins écartée de la suture.

Répart. Stratigr.

EOCENE......... Une espèce typique dans le bassin de Paris (*P. simplex*, Desh.) ma coll. ; autre espèce peu certaine dans le Claibornien des États-Unis (*P. fila*, de Greg), d'après la Monogr. de l'Eocène de l'Alabama.

OLIGOCENE....... Deux espèces probables dans le Tongrien de l'Allemagne du Nord (*D. nassoides* et *densistria*, v. Kœn.), d'après la Monogr. de M. von Kœnen.

MIOCENE........ Plusieurs espèces dans la Touraine, le Bordelais, l'Italie, le bassin de Vienne, l'Allemagne du Nord, la Floride (*P. incrassata*, Duj. *soror*, Bell, *Suessi*, Hœrn. *lunata*, Lea, *Newmanni*, Dall. *eburnea*, Conr. *Selenkæ*, v. Kœn.), ma coll. et d'après les Monogr. de Bellardi, de Hœrnes et Auinger, et Dall et de von Kœnen.

PLIOCENE........ Plusieurs espèces en Italie, dans le bassin du Rhône, la Floride (*P. sigmoidea*, Bronn, *rhodanica*, Font. *acila*, Dall, *pagodula*, Dall.), ma coll. et d'après les Monogr. de Bellardi, de Fontannes et de Dall.

EPOQUE ACTUELLE. Nombreuses espèces dans toutes les mers, d'après le Manuel de Tryon.

SPIROTROPIS, Sars, 1878.

Sinus tout à fait contigu à la suture et extérieurement évasé ; embryon globuleux ; canal non échancré.

SPIROTROPIS, *sens. str.* Type : *P. carinata*, Biv. Viv.

Forme turriculée ; spire assez longue, étagée ; embryon paucispiré, globuleux, à nucléus obtus ; tours lisses, carénés au milieu, excavés sous la carène ; dernier tour à base convexe, terminé par un canal court, large, non échancré à son extrémité antérieure. Ouverture piriforme, peu rétrécie en avant ; labre arqué, mince, entaillé contre la suture par un sinus assez large et profond, dont le bord extérieur est évasé et se raccorde tangentiellement avec la suture; bord columellaire mince et étroit, non sinueux.

Diagnose faite d'après un échantillon de l'espèce type, du Finmark, (Pl. V. fig. 26-27), coll. de l'École des Mines.

Rapp. et diff. — Fischer classe *Spirotropis* comme sous-genre de *Drillia*, Tryon en fait un genre distinct : cette dernière opinion me paraît plus proche de la vérité, à cause des différences que présente l'animal, dans la disposition de ses tentacules, de ses yeux et de sa dentition. En ce qui concerne la coquille, le sinus est tout à fait contigu à la suture, et son contour est réfléchi à l'extérieur; d'autre part, l'embryon est tout à fait globuleux, et par conséquent bien différent de celui des *Drillia* typiques, ou même des *Crassispira;* enfin l'absence d'ornementation sur la spire est un caractère particulier à *Spirotropis*.

Répart. Stratigr.

MIOCÈNE........ Une espèce souvent confondue avec le type, dans le Piémont et le bassin de Vienne (*P. modiola*, Jan), ma coll.

PLIOCÈNE........ La même espèce, ou une variété se rattachant à la forme vivante, dans le Crag d'Angleterre, dans les Alpes-Maritimes, en Italie et dans le post pliocène de Sicile (*P. carinata*, Biv.), ma coll. et d'après les Monogr. de Wood et de Philippi, *sec.*, Monterosato. Embryon d'un individu de Cannes (**Fig.** 13), ma coll.

FIG. 13.

ÉPOQUE ACTUELLE. Le type, unique espèce connue, sur les côtes de Norvège et aux Açores, à la profondeur de 454 mètres, coll. Dautzenberg.

BELA, Leach *in* Gray, 1847.

Forme trapue; embryon globuleux et obtus; canal court; droit, atténué et sans échancrure à son extrémité antérieure; sinus à peu près nul.

BELA, *sens. str.* Néotype : *B. turricula*, Montg. Viv.

Forme fusoïde ou buccinoïde; spire plus ou moins courte, souvent étagée au-dessus de la suture; embryon paucispiré, à nucléus tout à fait arrondi ; tours convexes ou subanguleux, ornés de costules arquées et de filets spiraux. Ouverture étroite, ovale ou subpiriforme, terminée par un canal à peine rétréci, très court, à peu près droit, dont l'extrémité est atténuée, arrondie, sans aucune échancrure ; labre peu épais, sinueux, très peu entaillé en arrière, vis-à-vis la courbure des côtes, antécurrent et tangent à la suture ; bord columellaire lisse, calleux, assez large, aminci et subcaréné à l'embouchure du canal.

Diagnose refaite d'après le type vivant et d'après un plésiotype de l'Eocène d'Australie, *B. pulchra*, Tate (Pl. VI, fig. 10-11), ma coll. Embryon grossi (**Fig. 14**).

Observ. — Si l'on s'en rapportait aux indications de Gray, le type du genre *Bela* serait *Pl. nebula*, Mtgu (*Murex*.) qui serait aussi le type de *Raphitoma*, d'après Bell, 1846. Néanmoins j'ai adopté l'opinion de la plupart des auteurs qui ont admis comme exemple mieux caractérisé *Bela turricula*, qui devient ainsi le néotype du genre, quoique *B. nebula* soit aussi une *Bela*. Les *Bela*, ayant un opercule identique à celui de *Pleurotoma*, sont classés par la plupart des auteurs (Fischer, Tryon) dans la même famille ; cependant Bellardi a proposé, en 1874, une sous-famille *Belinæ*, à cause de l'exiguïté du sinus, de la brièveté du canal et de l'embryon globuleux de ces coquilles : je ne vois pas bien l'utilité de cette création, attendu que ce sont seulement des différences génériques.

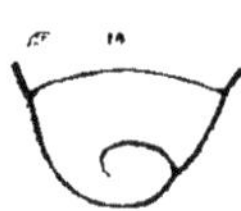

Fig. 14.

Les *Bela* n'ont commencé à apparaître que dans les terrains tertiaires : *B. clathrata*, décrit par Gabb (Paleont. Calif.) comme provenant de la Craie, me paraît, d'après la figure, très voisine de *Surcula præattenuata*, du même auteur.

Répart. Stratigr.

Eocène .... Outre le plésiotype d'Australie ci-dessus indiqué, une espèce dans le bassin de Paris (*B. lamellicostata*, Cossm.), ma coll.

Pliocène .... Une espèce à côtes arquées, dans les faluns helvétiens de la Touraine (*P. amœna*, Duj.), ma coll.

Miocène .... Outre l'espèce type, plusieurs formes voisines dans le Crag d'Angleterre (*Clavat. Trevellyana*, *Turtonis*, Wood, *Bela rufa* et *nebula*, Montg.), d'après la Monogr. de S. Wood ; une espèce dans les couches récentes de Java (*P. fragilissima*, Mart.) d'après la Monogr. de Martin.

ÉPOQUE ACTUELLE. Nombreuses espèces, exclusivement dans les mers froides, d'après le Manuel de Tryon.

BUCHOZIA, Bayan, 1873. Type : *Auricula citharella*, Lamk. Eoc.

(= *Etallonia*, Desh. 1862, *non* Oppel 1861 ;
= *Zafra*, Cossm. 1892, *non* Ad.).

Forme ovale ; spire très courte ; embryon subglobuleux et obtus ; tours subulés, ornés de côtes droites et de filets spiraux ; ouverture étroite, à bords à peu près parallèles, atténuée en avant et presque complètement dénuée de canal ; labre peu épais. à contour vertical, à peine curviligne, légèrement sinueux en arrière ; bord columellaire calleux, infléchi en avant.

Diagnose faite d'après un individu de l'espèce type, provenant de Réquiécourt (Pl. VI, fig.12-13), coll. Pezant.

Observ. — Le rapprochement proposé par Fischer, qui classe *Buchozia* près de *Bela*, est tout à fait justifié : Deshayes plaçait à tort son genre *Etallonia* entre *Actæon* et *Ringicula*, ne remarquant pas que cette coquille a un canal rudimentaire, un léger sinus, surtout un embryon identique à celui de *Bela*, et n'ayant rien de commun avec celui des Tectibranches. En corrigeant le double emploi de nomenclature qui a échappé à Deshayes, Bayan n'a d'ailleurs pas rectifié le classement de *Buchozia*.

Rapp. et diff. — Cette section est très voisine de *Bela ;* toutefois le canal est encore moins formé et le sinus du labre encore moins arrondi, les côtes sont plus droites, le galbe de la spire est plus subulé, les tours ne sont pas convexes et étagés : on peut donc admettre la séparation *Buchozia*, et y classer le fossile parisien que j'ai à tort rapporté au genre *Zafra* (*Z. decussata*, Cossm.), et qui n'a pas le canal échancré, la forme colombelloïde du type de ce genre.

Répart. Stratigr.

PALÉOCÈNE ...... Une espèce dans les sables de Bracheux (*Et. prisca*, Desh.), ma coll.

ÉOCÈNE .... Outre le type, plusieurs espèces dans le bassin de Paris, dans le Cotentin et dans la Loire-Inférieure (*B. crassicostata* et *Z. decussata*, Cossm. *Et. Gervil-*

lei, Desh.), ma coll. et coll. Bourdot; autre espèce dans l'Australie du Sud (*Pusionella hemiothone*, Tate), ma coll. [Pl. VI, fig. 8-9].

MIOCÈNE........ Une espèce certaine dans l'Helvétien de la Touraine (*B. cancellata*, Dollf. Dautz.), ma coll.; autre espèce nouvelle (*B. dormitor*, Dollf. Dautz.), d'après l'Étude préliminaire des faluns de la Touraine.

HÆDROPLEURA, Monts. *mss.*, *in* Bucq. Dollf. Dautz. 1882.

Type : *Murex septangularis*, Montg. Viv.

Forme ovoïdo-conique; spire courte; embryon paucispiré, subglobuleux, à nucléus déprimé; tours lisses, subulés, à sutures ondulées, ornés de côtes droites et épaisses, qui se succèdent; base du dernier tour obliquement déclive. Ouverture étroite, en forme de pépin, terminée par un canal de *Buchozia*; labre épais, extérieurement bordé, à peine sinueux près de la suture; bord columellaire de *Buchozia*.

Diagnose refaite d'après un échantillon de l'espèce type, fossile pliocénique des environs de Turin (Pl. VI, fig. 14-15), coll. du Musée de Turin, communiqué par M. Sacco.

Rapp. et diff. — La création de cette section est tout à fait justifiée, quand on en compare le type à *Bela turricula*; mais les différences sont beaucoup moins profondes, quand on la rapproche de *Buchozia*: ce n'est guère que par ses larges côtes polygonales, par sa surface lisse, par son embryon moins globuleux, à nucléus plus déprimé, qu'on peut distinguer *Hædropleura*, et ce sont là des caractères plutôt spécifiques. Si l'on réunissait ces deux formes, on aurait un enchaînement ininterrompu pendant toute la période tertiaire, jusqu'à l'époque actuelle : on peut du moins admettre que celle-ci descend de l'autre et la conserver comme section distincte.

Répart. Stratigr.

MIOCÈNE........ L'espèce type dans le Tortonien des environs de Turin, d'après Bellardi; autre espèce dans l'Helvétien de Touraine (*H. cf. Contii*, Bell.), d'après l'étude préliminaire des faluns de Touraine, par Dollfus et Dautzenberg; mais l'échantillon un peu usé que je possède de Manthelan me paraît identique au type vivant.

Bela

PLIOCENE .... Outre l'espèce type en Italie et dans le Crag d'Angleterre, deux formes voisines dans les environs de Turin (*B. Contii* et *bucciniformis*, Bell.), d'après les Monogr. de Bellardi et de S. Wood.

EPOQUE ACTUELLE. L'espèce type et plusieurs variétés, nommées par Monterosato, dans la Méditerranée et aux Açores.

DAPHNOBELA, *nov. sect.* Type : *Bucc. junceum*, Sow. Eoc.

Forme étroite, allongée; spire parfois très courte, à galbe fusiforme et subconoïdal ; embryon composé d'un seul tour, à nucléus en goutte de suif ; tours un peu convexes, sillonnés spiralement, bordés au-dessus des sutures qui sont parfois très profondes ; dernier tour grand, ovale, atténué à la base qui se termine par un canal large, court et tronqué. Ouverture à bords à peu près parallèles, non rétrécie à la hauteur du canal ; labre un peu épaissi, parfois plissé à l'intérieur, à peine arqué et presque pas sinueux en arrière ; columelle droite, faisant un angle très ouvert avec la base de l'avant-dernier tour; bord columellaire un peu calleux.

Diagnose faite d'après un échantillon typique de Barton (Pl. V, fig. 30-31), ma coll.

Rapp. et diff. — J'avais d'abord placé *Bucc. junceum* dans les *Bela* typiques : mais, en comparant de nouveau la forme du canal de cette coquille à celle de *B. turricula*, j'ai constaté qu'elle s'en écarte tellement qu'il faut au moins admettre une section distincte. J'ai, d'ailleurs, été confirmé dans cette opinion, par le rapprochement à établir entre cette espèce et une forme de l'Eocène d'Australie, qui n'est pas tout à fait semblable, mais qui a le même canal, et qu'on doit évidemment classer dans le même groupe : l'espèce australienne a le labre à peu près droit, sans sinus, non plissé à l'intérieur, la spire plus courte, le bord columellaire plus mince, etc. Toutes deux se distinguent en outre de *Bela* par le caractère de leur ornementation et par leurs profondes sutures. Si on les compare à *Daphnella*, dont elles se rapprochent par leur canal, on remarque immédiatement qu'elles ont un embryon absolument différent, qui ne ressemble pas davantage à celui de *Peratotoma;* d'ailleurs, l'absence presque complète de sinus s'oppose également à ce rapprochement.

Bela

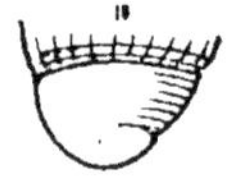

Fig. 15.

Répart. Stratigr.

Eocène .... Outre le type dans le Bartonien d'Angleterre, l'espèce un peu aberrante d'Australie (*Daphnella gracillima*, Tate), ma coll. Embryon grossi (**Fig.** 15).

DONOVANIA, Bucq. Dollf. Dautz. 1882.

(= *Lachesis*, Risso 1826, *non* Daudin 1804, *nec* Savigny ; = *Nesæa*, Risso 1826, *non* Lamk. 1812, *nec* Leach. 1818 ; = *Chauvetia*, Monts. 1884 ; = *Folinæa*, Monts. 1884).

Donovania, *sens. str.* Type : *Bucc. minimum*, Montg. Viv.

Forme buccinoïde ; spire courte ; embryon obtus, mamelonné ; tours treillissés ; base du dernier tour convexe, se terminant subitement par un canal extrêmement court, tronqué transversalement, non échancré. Ouverture large, ovale, rétrécie à la troncature du canal ; labre épaissi par un bourrelet obtus à l'extérieur, et muni de plis obsolètes à l'intérieur, à contour à peu près vertical, à peine sinueux en arrière ; columelle arquée, obliquement infléchie à l'extrémité antérieure ; bord columellaire mince, étroit, peu distinct.

Diagnose refaite d'après un échantillon typique du Post-pliocène de Palerme (Pl. V, fig. 28-29), ma coll. Embryon grossi (**Fig.** 16).

Observ. — La synonymie de ce genre est assez confuse non seulement à cause du double emploi de Risso, mais encore à cause de la nécessité de réunir les deux formes que cet auteur croyait distinctes : *Nesæa* n'est autre que *Lachesis*, et, par conséquent, la dénomination *Chauvetia*, proposée par Monterosato pour corriger ce deuxième double emploi, doit elle-même être éliminée. Enfin le nom *Folinæa*, proposé par Monterosato pour *Buccinum Lefebvrei*. Marav., que beaucoup d'auteurs considèrent comme une simple variété de *Lachesis minima*, ne peut réellement pas être admis, même à titre de section du genre *Donovania*.

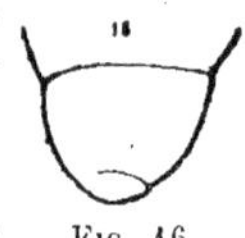

Fig. 16.

Rapp. et diff. — Cette petite coquille ressemble plus à un *Buccinidæ* qu'à un *Pleurotomidæ ;* néanmoins, elle est actuellement rapprochée de

Bela par la plupart des auteurs qui ont pu étudier l'animal en vie : son opercule est, paraît-il, identique à celui de *Pleurotoma*, son embryon est globuleux comme celui de *Bela*, son sinus y ressemble également, le labre est bordé comme celui d'*Hædropleura ;* seul, le canal s'écarte tout à fait, par sa troncature rétrécie, de la plupart des formes de la famille *Pleurotomidæ*. Il est donc rationnel de conserver *Donovania* comme genre distinct.

Répart. Stratigr.

PLIOCÈNE	L'espèce type en Italie, sous le nom *Lach. brunnea*, Donov., d'après Bellardi.
POST-PLIOCÈNE ...	L'espèce type dans les terrains tout à fait récents de Sicile, ma coll.
EPOQUE ACTUELLE.	Huit espèces, soit dans la Méditerranée, soit au Japon, soit aux Indes Occidentales, soit à l'île Saint-Paul, d'après le Manuel de Tryon.

ROUAULTIA, Bellardi, 1877.

(= *Borsonia*, Bell. 1838, *ex parte ;* = *Cochlespira*, Conr. 1875).

ROUAULTIA, *sens. str.* Type : *R. subterebralis*, Bell. Mioc.

Forme fusoïde ; spire turriculée, étagée, à galbe conique ; tours divisés au milieu par une carène saillante et crénelée, excavés de part et d'autre de cette carène ; base du dernier tour convexe, rapidement atténuée, terminée en avant par un canal allongé, presque droit, dont l'extrémité n'est pas échancrée. Ouverture étroite, subtrigone ; labre assez mince, plissé à l'intérieur, entaillé sur la carène par un sinus étroit et profond, obliquement antécurrent sur la rampe postérieure ; columelle munie, au quart de sa hauteur, d'un renflement pliciforme très oblique et à peine saillant, obliquement infléchie et rectiligne au-dessus de ce pli ; bord columellaire mince, limité par une strie, se terminant en pointe bien en-deçà de l'extrémité du canal.

Rouaultia

Diagnose refaite d'après deux échantillons typiques de Tetti Borelli (Pl. VI, fig. 16-17), coll. du Musée de Turin.

Observ. — Fischer, dans son Manuel, ne cite même pas le genre *Rouaultia*, Tryon en fait un synonyme douteux de *Genotia*, Zittel le conserve avec raison auprès de *Borsonia*, dans le groupe des formes à columelle plissée et à opercule inconnu. Les caractères hétérogènes de cette coquille, qui a la forme d'un *Ancistrosyrinx*, le sinus d'un *Pleurotoma s. s.*, la columelle d'une *Borsonia*, sont certes embarrassants : cependant, si l'on admet qu'il y a, entre la forme de l'opercule et la disposition de la columelle, une corrélation intime, il y a lieu de classer *Rouaultia* dans la sous-famille *Borsoninæ*, dont l'opercule est inconnu il est vrai, puisqu'elle se compose presque exclusivement de formes fossiles, mais dont les coquilles devaient être habitées par des animaux à peu près semblables, à opercule identique. Quant à la synonymie de *Cochlespira*, ainsi que je l'ai fait remarquer à propos de *Perrona*, je ne suis pas assez sûr du classement de la coquille figurée par Conrad, pour proposer de remplacer par cette dénomination antérieure la création parfaitement définie par Bellardi.

Répart. Stratigr.

Miocène .... Trois espèces en Italie et dans le Bassin de Vienne (*R. subterebralis*, Bell. *lapugyensis*, Mayer et *bicoronata*, Bell.), d'après la Monogr. de Bellardi ; autre espèce des couches de la Molasse, à Cabrières dans le Vaucluse (*R. candellensis*, Font.), d'après les Études de Fontannes sur le bassin du Rhône.

BORSONIA, Bellardi, 1838.

Sinus large et peu profond près de la suture ; columelle munie d'un ou de plusieurs plis.

Borsonia, *sens. str.* Type : *B. prima*, Bell. Mioc.

(= *Cordieria*, Rouault, *ex parte*, 1849).

Forme fusoïde ; spire allongée ; à galbe conique ; embryon paucispiré, à nucléus obtus et dévié ; tours anguleux et noduleux sur l'angle médian, avec des cordons grossiers sur la partie antérieure, et des filets plus fins ou totalement effacés sur la rampe postérieure ; base du dernier tour convexe, régulièrement atténuée, terminée par un canal assez long et légèrement infléchi. Ouverture étroite, subpiriforme ; labre mince, arqué, entaillé sur la rampe postérieure par une échancrure large en arc de cercle peu profond, et aboutissant obliquement à la suture ; columelle en général munie d'un pli saillant placé très bas, et au-dessus de lui, d'un renflement à peine sensible, au point médian où elle fait un coude pour s'infléchir à droite ; parfois il ne reste, comme chez *Rouaultia*, que ce renflement médian ; bord columellaire un peu calleux, rétréci en avant.

Diagnose refaite d'après des échantillons typiques de l'Helvétien des environs de Turin (Pl. VI, fig. 18 et 20), collection du Musée de Turin.

Observ. — Dans son Mémoire sur l'Éocène des environs de Pau, en créant le genre *Cordieria*, Rouault ne s'est pas dissimulé qu'une partie de ses espèces tombaient en synonymie avec *Borsonia :* toutefois la distinction qu'il a faite entre le nombre des plis columellaires est due à une interprétation inexacte de la diagnose de Bellardi, attendu qu'en réalité il y a deux plis à la columelle de *Borsonia prima*, si l'on compte comme un pli le renflement antérieur. Seulement, comme on le verra plus loin, *Cordieria* se distingue par d'autres caractères, de sorte que, contrairement à l'avis de la plupart des auteurs qui ont adopté, sans le vérifier, l'avis de Rouault, ces deux dénominations doivent être conservées et appliquées à des formes bien séparées. Quant à l'allongement du canal de *Borsonia*, il n'est pas le résultat, comme le pense M. von Kœnen (Norddeutsch. Unterolig. II, p. 460), de ce que les individus sont moins mutilés que d'autres ; car les individus de *B. prima* que j'ai étudiés et qui sont en bon état de conservation ont réellement le canal long et étroit.

Rapp. et diff. — Il est facile de justifier la séparation de *Rouaultia* et de *Borsonia*, à cause de leur forme extérieure qui est tout à fait différente, et parce que le sinus n'est pas du tout situé au même point ; j'ai indiqué, à propos de *Rouaultia*, les motifs qui m'ont décidé à rapprocher ces deux genres l'un de l'autre : en particulier la disposition du canal est la même, et *Borsonia prima* a en plus un pli columellaire inférieur ; mais ce pli n'existe pas chez toutes les espèces, notamment dans une forme nouvelle de la Loire-Inférieure, dont la columelle a absolument l'aspect de celle de *Rouaultia*, quoique la forme extérieure et la position du sinus soient bien celles des véritables *Borsonia*. Ce fait confirme l'opinion qui résulte de l'examen d'un grand nombre d'espèces de *Borsoninæ*, c'est que, dans cette sous-famille le nombre et la saillie des plis à la columelle n'ont pas l'importance qu'on serait tenté de leur attribuer.

Répart. Stratigr.

SENONIEN........ Une espèce douteuse dans la Craie supérieure de Californie (*Cordieria mitræformis*, Gabb), d'après la Monogr. de Gabb. et Whitney.

PALEOCENE...... Une espèce dans le calcaire de Mons (*B. Cœmansi*, Br. et C.), d'après la Monogr. de Briart et Cornet.

EOCENE......... Deux espèces dans les environs de Pau, à Bos d'Arros (*C. pyrenaica* et *biarritzensis*, Rouault), d'après un échantillon de la coll. de l'École des Mines et d'après les figures de l'auteur ; autre espèce à Selsey, en Angleterre (*C. biplicata*, Sow.) ma coll. ; une espèce nouvelle, à columelle non plissée dans le bassin de Campbon, Loire-Inférieure (*B. britanna*, Cossm.), coll. Dumas et Berthelin ; deux espèces dans l'Australie du Sud (*B. otwayensis*, Tate et *Pl. Claræ*, Ten. Woods), ma coll. Embryon. de *B. otwayensis* (**Fig. 17**).

FIG. 17.

OLIGOCENE...... Deux espèces probables dans le Vicentin (*B. lugensis* et *pungens*, Fuchs), d'après la Monographie de San Gonini par Fuchs.

MIOCENE........ Outre le type, une autre espèce dans l'Helvétien des environs de Turin (*B. Rouaulti*, Bell.) d'après la Monogr. de Bellardi ; autre espèce dans le Langhien des environs de Bordeaux (*B. burdigalina*, Ben.), d'après le Catal. des testacés de Saucats.

PLIOCENE........ Une espèce dans les couches d'Edeghem à la limite supérieure du Miocène, près d'Anvers (*B. uniplicata*. Nyst), ma coll.

EPOQUE ACTUELLE. Une espèce inédite provenant des dragages de l'Hirondelle, aux Açores (profondeur de 1 300 mètres), coll. Dautzenberg ; autre espèce aux îles Philippines (*B. armata*, Bœttg.), d'après une diagnose non accompagnée de figure, note de M. Bœttger en 1895.

CORDIERIA, Rouault 1849. Néotype : *C. iberica*, Rouault. Eoc.

(= *Phlyctænia*, Cossm. 1889, *non* Hübner 1816 ; = *Phlyctis*, Harris et Burrows 1881).

Forme généralement ventrue ; spire médiocrement allongée ; embryon paucispiré, à nucléus obtus et subglobuleux ; tours orné de côtes pustuleuses, interrompues sur la dépression inférieure située au-dessus du bourrelet qui borde la suture ; base du dernier tour invariablement ornée d'une chaînette spirale plus ou moins obsolète, avec de petites granulations tuberculeuses ou des crénelures deux fois plus nombreuses que les côtes du dernier tour. Ouverture assez large, à peine atténuée en avant, terminée par un canal très court, non échancré et légèrement infléchi à son extrémité antérieure ; labre mince, rarement entier, souvent plissé à l'intérieur, très arqué au milieu, entaillé près de la suture par un sinus en général peu profond ; columelle sinueuse, portant presque au milieu deux plis souvent peu saillants ou enfoncés à l'intérieur de l'ouverture, généralement égaux et peu obliques, quelquefois un troisième renflement antérieur ; bord columellaire calleux, un peu détaché en avant et découvrant quelquefois une étroite fente ombilicale.

Diagnose refaite d'après un plésiotype du calcaire grossier de Chaussy, *B. calvimontensis*, Desh. (Pl. VI, fig. 21-22), ma coll.

Observ. — Rouault n'ayant pas indiqué de type pour le genre *Cordieria*, et les deux premières espèces qu'il a décrites étant de véritables *Borsonia*, c'est la troisième espèce qu'il faut prendre comme néo-type: or, cette espèce est identique aux formes parisiennes pour lesquelles j'avais proposé le nom *Phlyctænia*, antérieurement employé par Hübner, de sorte que cela rend inutile la correction *Phlyctis* proposée par MM. Harris et Burrows.

Rapp. et diff. — Si l'on se reporte à ce que j'ai indiqué ci-dessus, à propos du genre *Borsonia*, au sujet de la longueur du canal qui n'est pas le résultat d'une mutilation de la coquille, on reconnaîtra qu'il n'est pas possible de comprendre dans le même groupe les *Cordieria*, qui n'ont, pour ainsi dire, pas de canal; en outre, les plis sont au moins au nombre de deux, les côtes sont pustuleuses et la base porte une chaînette perlée qui est tout à fait spéciale : ce sont là des caractères importants qui ne permettent pas de confondre *Cordieria* avec *Borsonia*. Quant au sinus, il n'est pas possible d'en tirer un motif de séparation des deux groupes, attendu que, chez quelques *Cordieria*, par exemple celle que j'ai figurée comme plésiotype, ce sinus est presque aussi profond que celui de *B. prima*, quoique plus voisin de la suture, tandis que d'autres espèces (*B. acutata* et *nodularis*, Desh., etc.) n'ont presque pas de sinus.

Répart. Stratigr.

EOCENE......... Outre le type de Bos d'Arros, nombreuses espèces dans les environs de Paris (*B. Chevallieri*, Cossm., *Bellardii*, *brevicula*, *turbinelloides*, *obesula*, Desh., *cresnensis*, de Rainc. *nodularis*, *marginata*, *minor*, *incerta*, Desh. etc.), ma coll. ; une espèce nouvelle dans la Loire-Inférieure au Bois-Gouët (*C. Dumasi*, Cossm.), coll. Dumas ; deux espèces das le gisement de Barton (*B. sulcata* et *semicostata*, Edw.), d'après la Monogr. d'Edwards. Vue de l'embryon de *C. brevicula* (Fig. 18), ma coll.

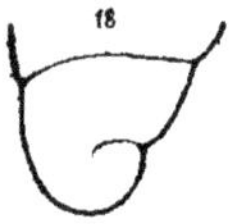

FIG. 18.

OLIGOCENE...... Nombreuses espèces soit dans le bassin de Mayence (*B. gracilis*, Sandb.), ma coll. ; soit dans l'Allemagne du Nord et en Belgique (*B. Deluci*, Nyst, *plicata*, Beyr., *turris*, Giebel, *costulata, coarctata*, *obtusa*, *splendens*, v. Kœn.), ma coll. et d'après la Monogr. de M. von Kœnen.

MIOCENE........ Une espèce douteuse dans l'Allemagne du Nord, confondue avec *B. uniplicata*, mais paraissant avoir le canal plus court, d'après les figures de la Monogr. de M. von Kœnen, gisement de Dingden.

PLIOCENE........ Une espèce un peu aberrante dans le Messinien de l'Italie centrale (*Turbinella Targioniana*, d'Anc.), ma coll.

MITROMORPHA, A. Adams. Type : *M. lirata*, Ad. Viv.

Forme de *Conomitra ;* spire courte, subulée ; embryon paucispiré, obtus ; tours subulés, cancellés ou sillonnés ; dernier tour supérieur à la moitié de la longueur totale, ovoïdo-conique, obliquement atténué à la base. Ouverture étroite, à bords presque parallèles, terminée par un canal peu distinct, court et tronqué ; labre à peu près rectiligne, à peine sinueux vers la suture, intérieurement muni de denticules ; columelle droite, munie sur le bord de deux forts plis obliques qui ne se prolongent pas à l'intérieur ; bord columellaire très mince.

Diagnose faite d'après une espèce plésiotype inédite, du pliocène de Gourbesville (Manche), *M. subulata*, nob. (Pl. VIII, fig. 21). [Voir la description dans l'annexe.]

Rapp. et diff. — Le classement du genre *Mitromorpha* est très incertain : il se compose d'espèces vivantes très rares ou qui n'ont pas été figurées, dont les caractères n'ont pas été tous étudiés, de sorte que le fossile que je propose de placer dans ce sous-genre n'en fait peut-être pas partie. Mais, si cette assimilation est exacte, la place de *Mitromorpha* serait auprès de *Borsonia* ou plutôt de *Cordieria*, dont elle se distinguerait seulement par son aspect mitriforme et par les denticules internes du labre, par l'absence presque complète du canal qui se confond avec le prolongement déclive de la base. Si on compare ce genre à *Mitrolumna*, Bucq. Dollf. Dautz., on trouve qu'il s'en distingue par ses deux plis columellaires au lieu de trois, non prolongés sur toute l'étendue de la columelle à l'intérieur de la coquille, tandis que c'est le contraire dans le genre *Mitrolumma* qui appartient bien à la famille *Mitridæ*.

Répart. Stratigr.

Pliocène	L'espèce plésiotype dans le Cotentin, ma coll.
Epoque actuelle.	Outre le type du Japon, deux ou trois espèces peu homogènes, dont l'une a précisément le labre plissé à l'intérieur.

BATHYTOMA, Harr. et Burr. 1891.

Forme ventrue ; canal assez court avec un bourrelet sur le cou ; columelle subplissée ou renflée ; sinus écarté de la suture.

Bathytoma, *sens. str.* Type : *Murex cataphractus*, Br. Plioc. (= *Dolichotoma*, Bell. 1875, *non* Hope, Col. 1839).

Forme ovale, trapue, spire conoïdale, turriculée ; embryon lisse et régulièrement conoïdal, à nucléus petit et dévié ; tours subanguleux, avec une carène crénelée plus haut que la moitié de leur hauteur, excavés entre cette carène et la suture qui est bordée ; dernier tour grand, ovale, atténué à la base, terminé en avant par un canal large, un peu courbé et légèrement échancré, sur le cou duquel s'enroule un gros bourrelet. Ouverture étroite, subpiriforme, plus anguleuse en arrière qu'à l'extrémité antérieure ; labre assez épais, parfois plissé à l'intérieur, arqué, avec une profonde échancrure vis-à-vis la carène du dernier tour, se raccordant par un quart de cercle perpendiculairement à la suture ; columelle sinueuse, tangente à la base de l'avant-dernier tour, munie d'un coude plissé vis-à-vis de l'enroulement du bourrelet sur le cou du canal ; bord columellaire mince et large en arrière, plus calleux et plus étroit en avant, contournant le bourrelet qui recouvre la fente ombilicale, et se terminant en pointe à l'extrémité du canal.

Diagnose faite d'après un échantillon de l'espèce type, montrant le pli columellaire, du Plaisancien de Biot (Pl. VIII, fig. 14), ma coll. ; autre individu plus intact, du Tortonien de Saubrigues (Pl. V, fig. 19 et Pl. VIII, fig. 12), ma coll. Embryon grossi (**Fig. 19**).

Observ. — Aux termes des règles de nomenclature adoptées par le Congrès de Bologne, la dénomination *Dolichotoma* ayant été employée avant Bellardi en Entomologie, la correction faite par MM. Harris et Burrows, à l'aide du précieux répertoire de Scudder, doit évidemment être admise : toutefois il eût peut-être été préférable d'oublier ce double emploi qui ne choquait personne et de conserver *Dolichotoma* qui est un nom universellement connu.

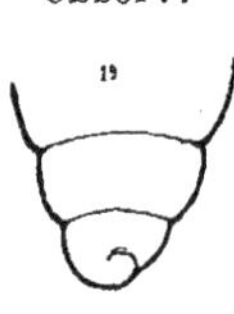

Fig. 19.

Rapp. et diff. — Cette forme a beaucoup d'analogie avec *Borsonia ;* aussi je ne comprends pas pourquoi Fischer et Tryon, rompant avec la tradition créée par Bellardi qui plaçait ces deux genres dans la même sous-famille, ont placé *Dolichotoma* auprès de *Genotia*, surtout sans en connaître l'opercule. Aujourd'hui, d'après le travail de M. Dall sur les dragages de l'Albatros, on connaît l'animal et l'opercule de *Pleurot. Carpenteriana*, Gabb, dont la coquille ressemble à celle de *Bathytoma :* or, cet opercule, dont le nucléus apical est malheureusement brisé ou usé, est bien plus fort, plus épais, plus noir que celui des *Conidæ ;* d'autre part, la dentition et la glande venimeuse de l'animal ressemblent à celles de *Bela ;* il y a donc des motifs sérieux pour rapprocher *Bathytoma* des *Pleurotomidæ*, et, en raison des analogies de la coquille, de placer ce genre dans la sous-famille *Borsoninæ*.

Il y a d'ailleurs des différences importantes entre *Borsonia* et *Bathytoma*, la forme de l'embryon, la position du sinus, le bourrelet du cou du canal, le pli columellaire réduit à un gonflement produit par l'enroulement de ce bourrelet sous la callosité qui recouvre la columelle. Si l'on compare

Bathytoma à *Rouaultia*, qui a également la columelle gonflée et le sinus écarté de la suture, on trouve que tous les autres caractères sont différents.

Répart. Stratigr.

ÉOCÈNE	Plusieurs espèces, soit dans le bassin anglo-parisien (*Pl. turbida*, Sol.), ma coll.; soit dans l'Australie du Sud (*P. atractoides*, *Gellibrandi*, *fontinalis*, Tate), ma coll.; soit dans le Claibornien des États-Unis (*P. congesta*, Conr.), d'après la Monogr de M. de Gregorio sur l'Alabama.
OLIGOCÈNE.......	Plusieurs espèces dans le Tongrien inférieur de l'Allemagne du Nord (*Dol. anodon*, *subcylindrica*, *trachytoma*, v. Kœn. *P. ligata*, Edw.), d'après la Monogr. de M. von Kœnen; une espèce certaine dans les argiles de Boom (*P. crenata*, Nyst), ma coll.
MIOCÈNE	L'espèce type dans les Landes, en Italie et dans le bassin de Vienne, ma coll.; dans l'Allemagne du Nord, d'après M. von Kœnen qui l'a confondue avec *B. turbida;* dans le Portugal, d'après la Monogr. de P. de Costa; autre espèce en Italie (*Dol. doliolum*, Bell.), d'après la Monogr. de Bellardi.
PLIOCÈNE........	L'espèce type dans les Alpes-Maritimes et en Italie, ma coll.; dans le bassin du Rhône, d'après la Monogr. de Fontannes; autre espèce dans les couches d'Edeghem, près d'Anvers confinant au Miocène supérieur (*Pl. subturbida*, d'Orb.), ma coll.
ÉPOQUE ACTUELLE.	Une espèce sur les côtes de la Californie, d'après Dall; autre espèce aux Philippines (*Genota atractoides*, Watson), d'après Bœttger, citation en 1895, c'est-à-dire postérieurement à la publication de *P. atractoides* par Tate.

EPALXIS, Cossm. 1889. Type : *Pl. crenulata*, Lamk. Eoc.

Forme biconique; spire ventrue, peu allongée; embryon proboscidiforme, à nucléus obtus et un peu dévié; tours subanguleux et crénelés, non excavés en arrière, munis d'un bourrelet bifide au-dessus de la suture; dernier tour assez long, à base atténuée, terminée par un canal court, à peine infléchi, sur le cou duquel s'enroule un bourrelet obsolète. Ouverture de *Bathytoma;* labre mince, échancré par un sinus assez profond et éloigné de la suture ; columelle calleuse, à peine coudée et munie d'un gonflement médian, très peu visible.

Diagnose faite d'après une espèce plésiotype, *P. ventricosa*, Lamk, du Guépelle (Pl. VI, fig. 25-26), ma coll. Embryon grossi (**Fig.** 20) d'après un individu du calcaire grossier de Villiers.

Fig. 20.

Rapp. et diff. — J'ai séparé ce sous-genre de *Bathytoma*, non seulement à cause de la forme générale de la coquille, mais encore à cause de l'embryon qui est plutôt proboscidiforme que conoïdal, de la disposition du canal qui est moins coudé, ainsi que de la columelle dont le gonflement pliciforme est beaucoup moins apparent. Ces différences s'atténuent d'ailleurs sur les individus adultes qui ont une analogie incontestable avec *Bathytoma s. s.*

Répart. Stratigr.

Eocène .... Trois espèces dans le bassin anglo-parisien et dans la Loire-Inférieure (*Pl. crenulata*, *ventricosa*, Lamk. *varians*, Edw.), ma coll.

ASTHENOTOMA, Harr. et Burr. 1891.

(= *Oligotoma*, Bell. 1875, *non* Westwood, 1836).

Spire longue ; canal court ; columelle plissée ou subplissée ; labre intérieurement denté ; embryon conoïdal.

Asthenotoma, *sens. str.* Type : *Pl. Basteroti*, Desm. Mioc.

Taille assez petite ; forme étroite, clavatulée ; spire allongée, à galbe conique ; embryon paucispiré, à nucléus obtus ; tours généralement ornés de carènes spirales, décussées par des plis d'accroissement sinueux ; base rapidement atténuée, terminée par un canal large, très court et assez profondément échancré, sur le cou duquel s'enroule un bourrelet très obsolète. Ouverture petite, rhomboïdale, peu rétrécie en avant ; labre arqué, mince en son contour, intérieurement épaissi et plissé ou denté, entaillé par une échancrure large et peu profonde, coïncidant à peu près avec la convexité médiane des tours ; columelle très calleuse, infléchie en *S*, tordue ou plissée au point où se fait l'inflexion antérieure.

Diagnose refaite d'après un échantillon de l'espèce type, du Langhien de Saucats (Pl. VI, fig. 23-24), ma coll. Embryon grossi (**Fig. 21**).

Observ. — En créant ce genre, dont le nom a dû être changé pour corriger un double emploi, Bellardi a indiqué que le pli columellaire se réduit ordinairement à une simple torsion de la partie antérieure de la columelle, mais que la longueur de la spire, la brièveté du canal et la forme du sinus écarté de la suture, permettent aisément de distinguer ce groupe des autres *Pleurotomidæ*. A ces caractères, il y a lieu d'ajouter la plication interne du labre, qu'on constate sur tous les échantillons adultes et intacts, et l'échancrure de l'extrémité antérieure du canal qui, quoique très court, est toujours infléchi à cette extrémité.

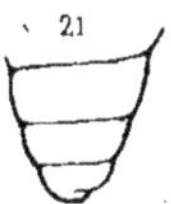

Fig. 21.

Répart. Stratigr.

Eocène	Plusieurs espèces dans le bassin anglo-parisien, dans le Claibornien des États-Unis, dans l'Australie du Sud (*Purpura funiculosa*, Desh. *Cossmanni*, de Raine. *Pl. zonulata*, *microchila*, *dissimilis*, *pupa*, *brachia*, *heliçoides*, Edw., *Olig. Meyeri*, Cossm. *jacksonensis*, Meyer, *Pl. consutilis*, T. Woods, *Asth. Tatei*, Cossm. (Pl. VI, f. 29), ma coll. [voir l'annexe à la fin de cette livraison].
Oligocène	Une espèce probable dans le Tongrien de l'Allemagne du Nord (*Pl. bicingulata*, Sandb.), ainsi qu'une espèce bartonienne peut-être distincte de celle d'Angleterre (*Pl. heliçoides*, Edw.), d'après la Monogr. de M. von Kœnen.
Miocène	Plusieurs espèces dans le Bordelais, en Italie, dans le bassin de Vienne (*P. Basteroti*, Desm. *pannus*, Bast. *ornata*, Defr. *tuberculata*, Pusch) ma coll. (*P. intersecta*, Doderl. *mirabilis*, Bell. *Heckeli*, Hœrn.), d'après les Monogr. de Bellardi et de Hœrnes et Auinger.
Pliocène	Une espèce dans le Messinien d'Orciano, confondue avec *A. pannus*, Bast., ma coll.

Endiatoma[1] *nov. sect.* Type : *Oligotoma quadricincta*, Cossm. Eoc.

(= *Aphanitoma*, Cossm. 1883, non Bell. 1875).

Forme très étroite et subulée ; spire longue ; embryon paucispiré, conoïdal ; tours ornés comme ceux d'*Asthenotoma* ; base du dernier tour excavée, terminée par un canal peu allongé, non échancré, presque sans bourrelet sur le cou. Ouverture à peine plus étroite en avant qu'en arrière, à bords à peu près parallèles ; labre mince, peu sinueux, curviligne sur toute la hauteur du dernier tour ; columelle coudée au milieu de la hauteur, munie, au point où elle s'infléchit à droite, d'un pli étroit et obsolète ; bord columellaire peu calleux, limité par une strie superficielle, se terminant en pointe à l'extrémité antérieure du canal.

Diagnose refaite d'après l'échantillon néo-type d'Aizy, déjà figuré dans le « Catalogue illustré des Coq. foss. de l'Eoc. » et plus intact que l'échantillon type de Saint-Gobain (Pl. VI, fig. 30), ma coll. Embryon grossi (**Fig.** 22).

Rapp. et diff. — Après avoir rapporté cette coquille au sous-genre *Aphanitoma*, qui s'en distingue par ses deux plis columellaires, j'ai proposé de la classer dans le genre *Asthenotoma*, dont elle est très voisine par son ornementation, mais dont elle s'écarte cependant : par l'absence presque complète de sinus, par son canal un peu plus long et moins tronqué, par son pli columellaire plus saillant, enfin par son embryon moins obtus. Ces caractères différentiels justifient la création d'une nouvelle section *Endiatoma*.

Fig. 22.

Répart. Stratigr.

Eocene.......... L'espèce type dans le Suessonien du bassin de Paris, ma coll.

Aphanitoma, Bell. 1875. Type : *Turbinella labellum*, Bon. Mioc.

Forme fusoïde ; spire acuminée, médiocrement allongée ; embryon paucispiré, subconoïdal ; tours costulés et treillissés ; der-

[1] Ενδεια, privé de ; τομα, échancrure.

nier tour à peu près égal à la moitié de la longueur totale, régulièrement atténué à la base qui se termine par un canal assez court, presque droit, sans échancrure et acuminé à son extrémité antérieure. Ouverture étroite, allongée, à bords presque parallèles ; labre fortement plissé à l'intérieur, sinueux, dépourvu d'échancrure ; columelle presque droite, portant au tiers de sa hauteur deux plis épais, l'inférieur plus large, et quelquefois des rides irrégulières en avant ; bord columellaire calleux, bien limité, se terminant en pointe contre l'extrémité antérieure du canal.

Diagnose refaite d'après des échantillons typiques de Stazzano (Pl. VI, fig. 71), coll. du Musée de Turin.

Rapp. et diff. — Ainsi que le fait remarquer Bellardi, cette forme a beaucoup d'affinité avec *Borsonia:* on l'en distingue toutefois par son aspect extérieur, par la position des plis qui sont placés plus bas et sont plus épais, par l'absence d'une échancrure labiale, remplacée par une inflexion curviligne en arc de cercle à grand rayon et à petite flèche. Bellardi indique en outre, — mais je n'ai pu le vérifier, — que, dans le jeune âge, les plis columellaires sont presque effacés. Si l'on compare *Aphanitoma* à *Endiatoma* qui a également le sinus labial à peine indiqué et l'embryon conoïdal, on remarque que la columelle est munie de deux plis columellaires qui n'existent pas chez *Endiatoma*, et qu'elle n'est pas coudée comme celle d'*Asthenotoma:* ce sont des caractères distinctifs qui justifient la séparation d'un sous-genre.

Répart. Stratigr.

MIOCENE	Outre le type, cinq espèces dans les environs de Turin (*A. Pecchiolii*, *miocænica*, *pluriplicata*, *tumescens* et *abbreviata*, Bell.), d'après la Monogr. de Bellardi.
PLIOCENE	Une espèce très rare dans le Messinien des environs de Savone (*A. arctata*, Bell.) d'après la Monogr. de Bellardi; autre espèce dans le Messinien d'Orciano (*A. hordeola*, Doderl.), coll. de l'École des Mines.

SCOBINELLA. Conrad, 1848. Type : *S. cœlata*, Conr. Olig.

(= *Zelia*, de Greg. 1898, *non* Desv. Dipt. 1830).

Taille petite : forme hordéolée ; spire courte, à galbe conoïde ; embryon multispiré, d'abord conoïdal et lisse, puis comportant un ou deux tours costulés dans le sens axial ; tours de spire munis de carènes spirales, décussées par de fins plis d'accroissement ; base rapidement atténuée, terminée par un canal court, échancré à son extrémité, muni d'un bourrelet très obsolète qui s'enroule sur son cou. Ouverture courte, étroite, à peine plus dilatée en arrière que sur la longueur du canal ; labre épais, portant à l'intérieur quatre ou cinq crénelures allongées, entaillé à quelque distance de la suture par un sinus assez profond ; columelle munie de deux plis transverses, écartés est peu saillants, en avant desquels on distingue, sur les individus adultes, trois rides parallèles aux plis, et dont l'inférieure est surtout saillante; bord columellaire calleux, bien limité à l'extérieur, se terminant en pointe vers l'extrémité du canal.

Diagnose faite d'après un plésiotype de l'Éocène de Jackson, aux États-Unis, *S. læviplicata*, Gabb (Pl. VI. fig. 35), ma coll. Embryon grossi (**Fig.** 23).

Observ. — La plupart des auteurs (Tryon, Zittel, Fischer, etc.), n'ayant eu sous les yeux qu'une figure défectueuse et une description incomplète du type de Conrad, ont confondu *Scobinella* avec *Borsonia;* M. de Gregorio a suivi cet exemple (Monogr. Eoc. Alab. p. 45), mais il a simultanément proposé un nom nouveau (*Zelia*) pour une espèce à laquelle il reconnaît lui-même une grande analogie avec le type de Conrad : en effet, les caractères de ce genre *Zelia* coïncident absolument avec ceux de deux espèces qui m'ont été envoyées sous le nom *Scobinella* par M. Meyer et qui m'ont servi à rétablir la véritable diagnose du genre de Conrad. Dans ces conditions, *Zelia* doit d'autant plus être rayé de la nomenclature des Mollusques, que ce nom avait déjà été employé dans une autre branche de l'histoire naturelle.

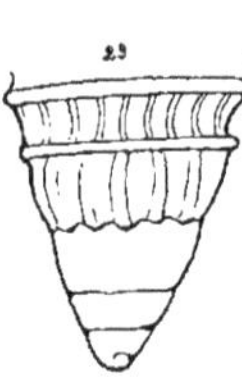

Fig. 23.

Rapp. et diff. — Semblable à *Asthenotoma* par sa forme générale, son labre denté, l'échancrure de son canal, la position du sinus et l'ornementation, ce sous-genre s'en distingue par son embryon, par son canal non coudé, par ses deux plis et ses rides columellaires, qui le rapprochent au contraire d'*Aphanitoma ;* mais il s'écarte de ce dernier par son sinus et par son canal échancré; on remarquera enfin que les costules des tours embryonnaires existent aussi chez *Asthenotoma Tatei*, dont je donne la description à la fin de l'annexe. Ainsi se trouve confirmé l'arrangement que je propose, et d'après lequel *Aphanitoma* et *Scobinella* seraient deux sous-genres distincts du genre principal *Asthenotoma*.

Répart. Stratigr.

EOCÈNE......... Plusieurs espèces : soit en Angleterre (*Pl. lineata*, Edw.) ; soit dans le Claibornien des États-Unis (*S. infans*, Meyer, *sativa*, de Greg. *læviplicata*, Gabb.), ma coll.

OLIGOCÈNE....... L'espèce type dans le Vicksburgien des États-Unis, d'après la Monogr. de M. de Gregorio.

TRYPANOTOMA, Cossm. 1893. Type : *Pl. terebriformis*, Meyer. Eoc.

Forme de *Terebra* ; spire longue, à galbe à peu près conique ; embryon paucispiré, à nucléus en goutte de suif ; tours convexes, ornés de carènes spirales et de crénelures sur la convexité médiane ; dernier tour court, à base arrondie, subitement atténuée en avant, terminée par un canal tronqué et profondément échancré à son extrémité antérieure, avec un bourrelet obsolète s'enroulant sur le cou et limité par une costule un peu plus saillante. Ouverture au plus égale au quart de la longueur totale, presque aussi étroite au milieu qu'en avant ; labre peu épais, plissé à l'intérieur, sinueux, faiblement entaillé sur la convexité du dernier tour par une échancrure très peu profonde ; columelle lisse, coudée en *S* très oblique ; bord columellaire étroit, un peu calleux.

Diagnose refaite d'après l'échantillon type de Newton, aux États-Unis (Pl. VI, fig. 27-28), ma coll. Embryon grossi (**Fig.** 24), d'après un individu de Claiborne.

Rapp. et diff. — Cette forme n'est évidemment qu'un sous-genre d'*Asthenotoma* ; elle s'en distingue cependant par son canal encore plus court, par son embryon plus obtus, surtout par l'absence complète de pli columellaire, et par son sinus presque aussi faible que celui d'*Aphanitoma*. Il est incontestable que la coquille a un peu l'aspect de *Terebra*, mais elle s'en distingue par son embryon et par son faible sinus labial ; en outre, l'échancrure du canal est moins profonde et le bourrelet moins bien limité sur le cou.

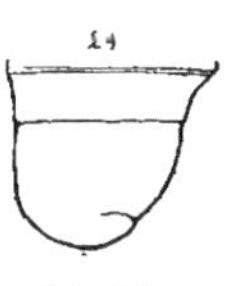

FIG. 24.

Répart. Stratigr.

Eocène .... L'espèce type dans le Claibornien des États-Unis, ma collection.

Sinistrella, Meyer, 1887. Type : *Triforis americanus*, Aldr. Eoc.

Forme sénestre de *Trypanotoma ;* diagnose identique pour tous les autres caractères.

D'après un échantillon typique du Claibornien de Jackson; aux États-Unis (Pl. VII, fig. 22-23), ma coll. Embryon grossi (**Fig.** 25).

Observ. — La diagnose de *Trypanotoma* s'applique, sans y changer un mot, à *Sinistrella*, à cette seule différence que la coquille est sénestre au lieu d'être dextre : avec un cliché négatif de l'une des deux formes, on a à peu près l'image exacte de l'autre. Il n'y aurait évidemment pas, dans cette différence d'enroulement, de raison suffisante pour motiver la création d'une section distincte ; mais, comme *Sinistrella* est antérieur de six années à *Trypanotoma*, qu'on ne peut pas appliquer cette dénomination à la forme normale qui est dextre, et que d'ailleurs l'auteur n'avait pas du tout cette forme en vue, quand il a proposé *Sinistrella*, puisqu'il a décrit d'autre part *Pleurotoma terebriformis* (type de mon genre *Trypanotoma*), sans le rapprocher de *S. americana*, je ne conserve *Sinistrella* que pour désigner la forme sénestre, régulière et non accidentelle, de *Trypanotoma*. L'espèce type présente du reste des différences constantes qui ne permettent pas de la considérer comme un échantillon sénestre de *T. terebriformis :* j'en possède huit échantillons et je puis affirmer que c'est bien une espèce à distinguer de l'autre.

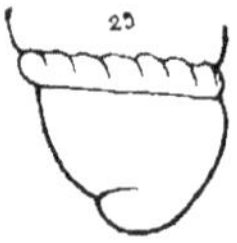

25

Fig. 25.

Répart. Stratigr.

Eocène .... Une seule espèce dans le Claibornien du Mississipi, ma collection.

TEREBRITOMA, Cossm. 1892.

Terebritoma, *sens. str.* Type : *Mangelia ? solitaria*, Whitf. Crét.

Taille petite ; forme étroite ; spire turriculée, à galbe conique ; tours un peu convexes, ornés de stries spirales écartées, munis d'une rampe déclive au-dessus de la suture ; dernier tour très court, arrondi à la périphérie de la base, qui est rapidement atténuée, terminé en avant par un canal tronqué et infléchi à son extrémité. Ouverture subrhomboïdale, peu élevée ; labre un peu arqué, entaillé sur la rampe suturale par un sinus assez profond, antécurrent à la suture ; columelle en ⌇, très courte et lisse.

Diagnose faite d'après la figure de « Syrian cretaceous fossils », reproduite (**Fig.** 26).

Observ. — J'ai proposé cette nouvelle coupe dans l'Annuaire géologique de 1892, en faisant l'analyse du Mémoire de M. Whitfield : la coquille qui en est le type ne ressemble à *Mangilia* que par sa taille et son sinus, mais elle n'a pas le labre épaissi. Sa forme générale a quelque analogie avec celle de *Fibula*, toutefois le sinus n'a aucun rapport avec l'entaille suturale des *Entomotæniata*, et il forme un crochet antécurrent, au lieu d'être profondément rétrocurrent. Néanmoins le classement de ce genre est encore extrêmement douteux : je le place provisoirement près de *Trypanotoma*, à cause de son canal tronqué et très court, et malgré la position tout à fait différente du sinus.

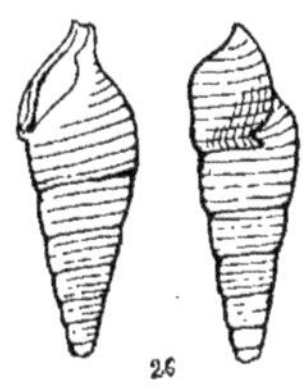

Fig. 26.

Répart. stratigr.

Crétacé......... Une espèce dans les marnes brunes du Mont Gazelle, près d'Abeih, en Syrie, d'après Whitfield.

PHOLIDOTOMA [1], Cossm. 1896.

Pholidotoma, *sens. str.* Type : *Fusus subheptagonus,* d'Orb. Sén.

Forme fusoïde, étroite, spire longue, généralement costulée ; tours convexes, ornés de cordonnets spiraux, décussés par des lamelles d'accroissement un peu crépues qui se reploient en écailles crochues au-dessus de la suture, contre laquelle elles forment un bourrelet continu ayant à peu près l'aspect d'une râpe ; dernier

[1] φολίς, écaille ; εντομη, entaille.

tour atténué à la base qui se termine par un canal assez allongé et droit. Ouverture étroite, un peu plus dilatée en arrière que sur la longueur du canal ; labre peu arqué, mince, muni contre la suture d'un sinus court qui correspond au bourrelet écailleux ; columelle à peu près étroite, faiblement infléchie à son extrémité antérieure, lisse et dénuée de plis ou de torsion ; bord columellaire mince.

Diagnose donnée au Congrès de l'Association franç. pour l'avancement des Sciences (Session de Carthage, Avril 1896), d'après un échantillon typique de Saint-Cyr, dans le Var (Pl. VIII, fig. 15), coll. Michalet.

Observ. — Je n'ai pu étudier l'embryon qui fait défaut sur les échantillons de cette espèce mis à ma disposition ; par conséquent, il m'a été impossible de vérifier si, comme chez *Volutoderma* (= *Rostellites*), cet embryon est allongé et multispiré, c'est-à-dire absolument distinct de l'embryon globuleux et paucispiré des *Volutidæ* et des *Fusidæ*. Néanmoins il ne me paraît pas douteux que, malgré sa columelle lisse, cette nouvelle coupe appartient à la même sous-famille de *Pleurotomidæ* que les genres ci-après énumérés : toutes ces formes sont caractérisées par la présence d'un sinus écailleux contre la suture et par leur ornementation lamelleuse ou crépue, qui donne à leur surface externe un aspect tout à fait particulier. Comme ce sont des genres qu'on ne connaît qu'à l'état fossile exclusivement, et même dans les couches crétaciques seulement, l'opercule est nécessairement inconnu, de sorte que la sous-famille *Pholidotominæ*, dans laquelle je propose de les grouper, doit être caractérisée par ce sinus écailleux et cette ornementation crépue, tout en comprenant les coquilles dissemblables par leur forme.

Répart. Stratigr.

TURONIEN .... Plusieurs espèces dans le Mornasien du Var et dans les couches de Gosau (*Fusus heptagonus*, Sow *non* Lamk. *Pleurot. fenestrata*, Zek.), coll. Michalet et d'après la Monogr. de Zekeli.

BEISSELIA, Holzapfel, 1889.

(= *Kœnenia*, Holz. 1888, *non* Beushausen).

BEISSELIA, *sens. str.* Type : *Kœnenia speciosa*, Holz. Sén.

Forme buccinoïde, un peu trapue ; spire probablement peu allongée, étagée, à galbe à peu près conique ; tours anguleux, costulés en avant, excavés au-dessus de la suture qui est bordée d'une large rangée d'écailles curvilignes, écartées et saillantes ; dernier tour à base convexe, rapidement atténuée, terminée par un canal large et probablement infléchi vers la droite de l'axe. Ouverture courte, piriforme, peu rétrécie en avant ; labre mince, peu arqué dans la plus grande partie de sa hauteur, entaillé contre la suture par une très profonde échancrure sur le périmètre de laquelle il se retrousse en formant une écaille crochue ; puis au delà, il se raccorde avec le bord opposé de l'ouverture ; columelle lisse, faisant un angle de 100° avec la base de l'avant-dernier tour, coudée à droite à la naissance du canal, bord columellaire large, épais, complètement détaché.

Diagnose refaite d'après l'échantillon type de Vaals (Pl. VII, fig. 15 et 19) coll. Beissel, communiqué par M. Holzapfel.

Rapp. et diff. — Ce genre se distingue de *Pholidotoma* par son faciès plutôt buccinoïde que fusiforme, par son canal incurvé (quoique la mutilation de l'échantillon type ne permette pas de constater si ce canal est long ou brièvement tronqué à son extrémité), par son sinus plus profond, par son bord columellaire détaché, et par l'angle peu ouvert que fait la columelle avec la base de l'avant-dernier tour ; les écailles suturales sont encore plus saillantes et plus écartées que celles de *P. subheptagona*, et elles se transforment parfois en de véritables tubulures : c'est, à ce point de vue. la forme la plus caractérisée de la sous-famille *Pholidotominæ*.

Répart. Stratigr.

SENONIEN........ L'espèce type dans les sables verts des environs d'Aix-la-Chapelle.

ROSTELLITES, Conrad, 1855.
(= *Volutoderma*, Gabb, 1876).

ROSTELLITES, *sens. str.* Type: *R. texana*, Conr. Crét. sup.

Forme étroite, scaphoïde; spire courte, subulée, à galbe légèrement extraconique; embryon polygyré, aigu (*fide* Holzapfel), à nucléus très petit et trochoïde (*fide* Dall); tours un peu convexes, cancellés, ornés de nodosités à l'intersection des mailles, et de fines lamelles d'accroissement, plus saillantes et courbées au-dessus de la suture; dernier tour très allongé, à base lentement atténuée, se terminant par un canal long, assez large, à peu près rectiligne, vraisemblablement dénué d'échancrure à son extrémité antérieure, et par conséquent de bourrelet sur le cou. Ouverture très longue et très étroite, également atténuée à ses deux extrémités; labre presque vertical, à peine arqué, entaillé près de la suture par une échancrure large et peu profonde, correspondant aux petites écailles curvilignes: columelle peu excavée, dans le prolongement de la base de l'avant-dernier tour, munie en arrière de deux ou trois plis épais, généralement obliques, et peu visibles à l'entrée de l'ouverture, parce qu'ils sont très enfoncés à l'intérieur; bord columellaire mince, non détaché.

Diagnose refaite d'après un échantillon de l'espèce type, provenant de Kaufman, dans le Texas (Pl. VIII, fig. 12), collection du Musée national de Washington, envoyé en communication par le Smithsonian Institute; plésiotype des environs d'Aix-la-Chapelle, *Pirula fenestrata*, Rœmer, des sables verts du Sénonien de Vaals (Pl. VII, fig. 16 et 18), coll. du Musée d'Aix-la-Chapelle, envoyé en communication par M. Holzapfel.

Observ. — La synonymie de *Rostellites* et de *Volutoderma* n'est pas douteuse, attendu qu'il paraît y avoir identité, sinon spécifique, du moins générique, entre les espèces types de ces deux genres: *Volutoderma navarroensis*, Gabb. et *Rostellites texana*, Conrad. J'ai sous les yeux, grâce à l'obligeance de nos confrères du musée de Washington, et particulièrement de M. Stanton, les types de ces deux espèces de Californie et du

Texas, de sorte que j'ai pu me convaincre que la réunion de termes génériques, proposée en 1890 par M. Dall (Contrib. tert. fauna of Florida, p. 71), est tout à fait justifiée; mais je ne partage pas son opinion au sujet de classement de *Rostellites*.

Se fondant sur l'analogie de la forme extérieure de cette coquille avec certaines *Volutidæ*, sur la présence de plis à la columelle, enfin sur ce que *Aurinia dubia* et quelques *Harpidæ* possèdent aussi un sinus sutural qui donne passage, non pas comme chez les *Pleurotomidæ* à une papille anale pour les déjections de l'animal, mais à un prolongement du manteau qui dépose un vernis sur la partie inférieure de la coquille, M. Dall place *Rostellites* auprès de *Volutilithes*. Pour que ce rapprochement fût admissible, il faudrait que l'embryon de *Rostellites* fût, comme celui des *Volutidæ*, paucispiré et très globuleux; car on reconnaît immédiatement la spire d'une coquille de l'un des genres de *Volutidæ* par l'embryon qui est tout à fait disproportionné avec les tours suivants. Au contraire, chez *Rostellites*, l'embryon est, ainsi que Holzappel l'a constaté et figuré, multispiré et pointu; le nucléus de cet embryon est, ainsi que le reconnaît Dall lui-même (p. 72), « an acute apex and trochoid, minute nucleus », c'est-à-dire qu'il n'a aucun rapport avec celui des *Volutidæ*, ni même des *Fasciolariidæ* ou des *Turbinellidæ*, et qu'il se rapproche plutôt de celui des *Pleurotomidæ*.

Indépendamment de ce motif, qui a un très grand poids, au point de vue du classement par familles, il y a lieu de remarquer qu'il y a une étroite affinité entre tous les genres que j'ai groupés dans la nouvelle sous-famille *Pholidotominæ*, malgré les différences considérables que présente leur forme extérieure qui varie depuis l'aspect fusiforme jusqu'au galbe conique avec une columelle tantôt plissée, tantôt lisse : outre leur sinus écailleux, il y a l'analogie de leur ornementation, l'absence complète d'échancrure à la partie antérieure du canal (tandis que celui-ci est profondément entaillé chez les *Volutidæ* et les *Harpidæ*); il résulte de cette affinité des quatre genres en question qu'on ne pourrait transporter *Rostellites* dans la famille *Volutidæ* sans y entraîner également *Pholidotoma* qui a une forme de *Fusus*, *Beisselia* qui a une forme de *Buccinum*, et qui n'ont, ni l'un ni l'autre, de plis columellaires.

En résumé, sans contredire l'assertion de M. Dall, relativement à l'usage probable de l'échancrure suturale des *Pholidotominæ*, je maintiens que cette sous-famille ne peut être classée auprès des *Volutidæ*, et je préfère la laisser provisoirement dans les *Pleurotomidæ*, à cause du sinus et de l'embryon, jusqu'à ce qu'on ait la certitude qu'elle doit former une famille distincte et qu'on ait les éléments nécessaires pour fixer définitivement la place de cette famille.

Rapp. et diff. — La forme générale et les plis columellaires de *Rostellites* séparent bien nettement ce genre de *Pholidotoma* et de *Beisselia*, qui s'en rapprochent par leur sinus écailleux et par leur ornementation crépue.

Répart. Stratigr.

TURONIEN........ Plusieurs espèces, soit dans les grès de Vaucluse (*Voluta elongata*, d'Orb.), ma coll.; soit à Gosau dans le Tyrol (*Pleurot. spinosa*, Sow. *Voluta prælonga*, Zek.), d'après la Monogr. de Zekeli; soit dans l'Inde, au niveau du groupe de Trinchinopoly (Cf. *V. elongata*, d'Orb.), d'après la Monogr. de Stoliczka; soit dans les sables à *Pugnellus* du Colorado (*Rost. ambigua*, *Dalli* et *gracilis*, Stanton), d'après les figures publiées par l'auteur.

SENONIEN....... Plusieurs espèces, soit dans la Craie de Californie, du Mexique et du Texas (*Rost. texana*, Conr. *Voluloderma navarroensis*, Gabb, *Gabbi*, White), coll. du Musée de Washington; soit dans les sables verts de Vaals (*Pirula fenestrata*, Rœmer, *Volutoderma Zitteliana* et *Gosseleti*, Holz.), coll. du Musée d'Aix-la-Chapelle et d'après la Monogr. d'Holzapfel.

GOSAVIA, Stoliczka, 1865.

GOSAVIA, *sens. str.* Type : *Voluta squamosa*, Zek. Tur.

Forme conique; spire très courte, tectiforme; tours étagés en gradins, ornés de cordons spiraux découpés par des lamelles d'accroissement et munis sur la rampe, près de la suture, d'une rangée d'écailles écartées. Ouverture à bords parallèles, terminée en avant par un canal assez court, large et tronqué; labre presque droit, entaillé à la suture par une profonde échancrure, dont le contour retroussé forme les écailles caractéristiques de la rangée suturale; columelle calleuse, munie de cinq ou six plis, les plis antérieurs plus obliques et plus rapprochés que les plis postérieurs.

Diagnose faite d'après les échantillons types, provenant de Gosau, coll. du K. K. geol. Reichsanstalt, à Vienne, communiqués par M. Bittner; et d'après des clichés photographiques, pris sur des échantillons de même gisement, en meilleur état, coll. du Hofmuseum à Vienne (Pl. VII, fig. 26-27), envoyés par M. Kittl.

Rapp. et diff. — Quoique cette forme se rapproche plus de *Rostellites* que de *Pholidotoma*, à cause de son canal ample et de ses plis columellaires,

Gosavia est bien un genre distinct, non seulement à cause de son galbe régulièrement conique et trapu, mais surtout à cause du nombre plus considérable de ces plis ; d'ailleurs le canal est moins allongé et la spire est plus étagée. Stoliczka (Eine revision der Gastr. Gosaugeb.) classe ce genre dans les *Volutidæ*, à cause de ses plis columellaires ; toutefois, bien que je n'en connaisse pas l'embryon, je n'hésite pas à placer *Gosavia* dans la sous-famille *Pholidotominæ* à cause du sinus écailleux et caractéristique qui borde la suture.

Répart. Stratigr.

TURONIEN ..... Outre le type à Gosau, dans le Tyrol, une espèce certaine dans l'Inde, groupe de Trinchinopoly (*G. indica*, Stol.), d'après la Monogr. de Stoliczka ; autre espèce probable dans la Touraine, quoiqu'on n'y ait pas constaté l'existence de plis columellaires (*Conus tuberculatus*, Dujard.), d'après les figures de la Paléont. française, et d'après l'avis de Stoliczka.

MANGILIA, Risso *emend.* 1826.

Tours costulés ; embryon papilleux, à nucléus légèrement dévié ; canal court ; labre variqueux : sinus entaillé plus ou moins profondément dans la varice labiale.

MANGILIA, *sens. str.* Néotype : *Pleurot. Vauquelini*, Payr. Viv.

(= *Clathromangelia*, Monts. 1884 ; = *Cyharella*, Monts. 1875, *err. typ. pro Cytharella* ; = *Pseudoraphitoma*, Boettg. 1895 ; = *Paraclathurella*, Boettg. 1895).

Taille petite ; forme fusoïde, plus ou moins trapue ; spire assez courte, quelquefois étagée ; embryon à tours convexes, à nucléus papilleux ; tours ornés de costules axiales obliques, généralement repliées vers la suture, parfois cancellées par des filets spiraux ; dernier tour égal ou supérieur à la moitié de la longueur totale, à base atténuée, terminé en avant par un canal court, large, tronqué, sans échancrure à son extrémité. Ouverture étroite, à bords à peu près parallèles ; labre épaissi par la dernière côte, lisse à l'intérieur, un peu oblique, à peine arqué, entaillé contre la suture et dans l'épaisseur de la varice, par un sinus crochu et assez profond; columelle presque droite, lisse et arrondie; bord columellaire mince, étroit, à peine distinct.

Diagnose faite d'après des échantillons typiques des côtes du Roussillon, et d'après une espèce plésiotype fossile du Plaisancien, *M. costata*, Donov. provenant de Biot, dans les Alpes-Maritimes (Pl. VII, fig. 24-25), ma coll., autre espèce représentant le groupe *Clathromangilia*, *Pl. quadrillum* Dujardin, de l'Helvétien de Pontlevoy (Pl. VII, fig. 14), ma coll.

Observ. — La création du genre *Mangilia* (dédié à Mangili, non pas à Mangel) est souvent attribuée à Leach ; en réalité, ce genre a été établi, sur son conseil, par Risso, qui y a classé des formes fort hétérogènes, et parmi elles *Pl. Vauquelini*, puis réformé par Hinds qui y a compris cette espèce, la seule véritable *Mangilia* qui fût connue de Risso, avec *M. plicatilis*: comme cette dernière est synonyme d'*Hædropleura septangularis*, Montg., il faut admettre l'autre comme néotype du genre *Mangilia*.

Si l'on restreint ce genre comme le font actuellement la plupart des auteurs, il est caractérisé par sa columelle et son labre non plissés, par son sinus assez profondément entaillé dans la varice labiale; l'ornementation est tantôt exclusivement formée de costules axiales à intervalles lisses, tantôt cancellée : c'est au groupe des espèces cancellées que Monterosato a proposé d'appliquer la dénomination *Clathromangilia* (Type : *Pl. granum*, Phil, analogue fossile *P. quadrillum*, Duj.). Je ne crois pas qu'il y ait lieu d'admettre cette section pour une aussi légère différence d'ornementation, d'autant plus qu'il existe des espèces intermédiaires, dans lesquelles apparaissent déjà quelques filets spiraux.

Quant à la dénomination *Cytharella*, Monts. 1875, que Tryon indique par erreur en 1876, et comme synonyme de *Cythara*, M. de Monterosato m'a expliqué que son intention était, dans le cas où l'on aurait pris comme néotype de *Mangilia*, *M. Poliana* et *reticulata*, qui sont des *Rissoina*, d'appliquer une dénomination à ce qui restait de *Pleurotomidæ* dans le genre hybride de Risso. Mais comme cette interprétation ne subsiste plus, dès l'instant que le néotype est *M. Vauquelini*, — ce qui a d'ailleurs l'avantage de ne pas remplacer *Rissoina* par *Mangilia*, — l'auteur a lui-même renoncé, en 1884, à poursuivre cette rectification complexe, et par conséquent, *Cytharella* doit être rayé de la nomenclature.

Enfin je considère comme synonymes de *Mangilia* les sections proposées en 1895 par M. Bœttger, dans sa note sur les mollusques des Philippines (*Pseudoraphitoma* et *Paraclathurella*): il n'est pas admissible de multiplier

Mangilia

à ce point les subdivisions génériques, pour de simples modifications d'*habitat*.

Répart. Stratigr.

ÉOCÈNE......... Plusieurs espèces typiques, soit dans le bassin de Paris, soit aux États-Unis (*M. parisiensis* et *labratula*, Cossm., *Pl. acceptata* et *semicostulata*, Desh., *meridionalis*, Meyer), ma coll. Embryon grossi (**Fig.** 27) d'un individu de *M. parisiensis*, provenant du calcaire grossier de Villiers.

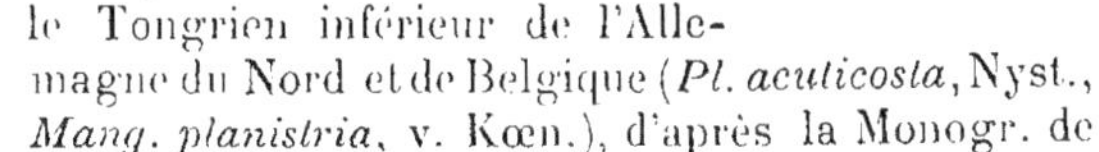

FIG. 27.

OLIGOCÈNE....... Deux espèces bien caractérisées dans le Tongrien inférieur de l'Allemagne du Nord et de Belgique (*Pl. acuticosta*, Nyst., *Mang. planistria*, v. Kœn.), d'après la Monogr. de M. von Kœnen, car la figure de l'ouvrage de Nyst est méconnaissable.

MIOCÈNE......... Plusieurs espèces dans le Langhien des environs de Bordeaux et dans l'Helvétien de la Touraine (*Pleur. cheilotoma*, Bast., *Aglaia*, Mayer, *quadrillum*, Duj., *Lemariei*, Dollf. Dautz, *labeo*, Duj.), ma coll. et d'après l'étude préliminaire des faluns de la Touraine, par Dollfus et Dautzenberg ; autres espèces en Italie (*M. catagrapha*, *longa*, *Monterosatoi*, Bell.), d'après la Monogr. de Bellardi.

PLIOCÈNE........ Nombreuses espèces dans le Piémont, le bassin du Rhône et le Crag. d'Angleterre (*M. Biondii*, Bell., *scabriuscula* et *ambigua*, Brugn., *costata*, Penn., *rugulosa*, Phil., *mitreola*, Bon., *clathrata*, M. de S., *tubulata*, Font., *contracta*, Bell., *Pl. brachystoma*, Phil.), d'après les Monogr. de Fontannes, de Bellardi et de Wood ; une espèce dans le Tertiaire supérieur de Java (*M. oblivia*, Mart.), d'après la Monogr. de Martin.

ÉPOQUE ACTUELLE. Très nombreuses espèces dans toutes les mers, d'après le Manuel de Tryon.

MANGILIELLA, Bucq. Dollf. Dautz.

Type : *Pl. multilineolata*. Desh. Viv.

Forme de *Mangilia ;* embryon à nucléus dévié ; tours ornés de costules axiales serrées et obliques, non repliées vers la suture ;

ouverture et canal de *Mangilia ;* labre épais, un peu arqué, presque sans sinus à la partie inférieure ; columelle lisse, un peu incurvée.

Diagnose faite d'après des échantillons de l'espèce type, provenant des côtes du Roussillon (Pl. VII, fig. 13), ma coll.

Rapp. et diff. — La séparation de cette section n'est motivée que par l'absence presque complète de sinus labial ; car la forme élancée de la coquille se rencontre également chez beaucoup de *Mangilia* typiques ; quant au degré d'écartement des côtes, que les auteurs de cette section indiquent comme caractéristique, c'est un critérium qui n'a qu'une valeur spécifique.

Répart. Stratigr.

Miocene......... Une espèce dans l'Helvétien de Touraine, distincte du type vivant (*M. turonica*, Dollf., Dautz.), d'après l'étude préliminaire des faluns de la Touraine.

Pliocene......... Une espèce dans le Crag d'Angleterre (*Clavatula mitrula*, Wood), d'après la Monogr. de S. Wood.

Eucithara, Fischer, 1883. Type : *Cancell. citharella*, Lamk. Viv.

(= *Cythara*, *Schum.* 1817, *non Cithara*, Klein 1753
= *Otocheilus*, Conr. *sec.* Tryon ?)

Forme trapue, stromboïde ; spire courte, à galbe souvent extraconique ; embryon proboscidiforme ; tours ornés de costules à peine obliques et de fines stries spirales ; dernier tour très grand, obliquement atténué à la base qui se termine par un canal court, tronqué et légèrement échancré à son extrémité antérieure. Ouverture étroite, à bords presque parallèles ; labre presque droit, épaissi par une varice, plissé à l'intérieur, entaillé en arrière par un sinus à peine visible sur la plupart des espèces : columelle calleuse, à peu près rectiligne, généralement munie de rides transversales.

Diagnose faite d'après une espèce plésiotype de l'époque actuelle, *Mangilia marginelloides*, Reeve, provenant des Philippines (Pl. VII, fig. 33), coll. de l'École des Mines.

Observ. — Le nom de ce sous-genre a été changé par Fischer pour corriger un double emploi de nomenclature ; Tryon et Dall ont, au contraire, conservé *Cythara*, Schum. ; cependant, même si l'on n'admet pas, comme antérieures au système binominal de Linné, les dénominations de l'ouvrage de Klein, il n'est pas possible de conserver un nom employé après Klein et avant Schumacher, dans un sens différent de celui que lui attribue ce dernier auteur. Comme d'ailleurs il y a synonymie complète entre *Cithara* et *Cythara*, la correction proposée par Fischer s'impose.

Rapp. et diff. — Ce sous-genre se distingue de *Mangilia s. s.* par sa forme trapue, par son sinus à peine entaillé, par son labre et sa columelle plissés ou ridés. Il n'a commencé à apparaître que bien après *Mangilia*, dans les étages supérieurs des terrains tertiaires : les espèces de *Cithara* décrites par Whitfield, dans son étude sur les marnes vertes de la craie de New-Jersey, sont en effet des moules internes peu déterminables qui, par leur grande taille, ainsi que par les traces d'ornementation qu'ils portent, ne peuvent être comparés aux véritables *Eucithara*. Il en est de même de *Cith. cretacea* Stoliczka, du Crétacé de l'Inde, malgré le bourrelet labial et la petite sinuosité postérieure qu'indique la figure.

Répart. Stratigr.

Pliocène........	Trois espèces dans les couches tertiaires de Caloosahatchie, en Floride (*Mang. balteata*, Reeve, *psila*, Bush., *terminula*, Dall.), d'après la première partie de l'étude de M. Dall sur le Tertiaire de la Floride.
Époque actuelle.	Nombreuses espèces dans les mers chaudes, d'après le Manuel de Tryon.

Clathurella, Carpenter, 1857.

Type : *Clavatula rava*, Hinds. Viv.

(= *Defrancia*, Millet 1826, *non* Bronn 1875 ; = *Cirillia*, Monts. 1884 ; = *Lienardia*, Jouss. 1883 ; = *Cordieria*, Monts. 1884, *non* Rouault ; = *Philbertia*, Monts. 1884 ; = *Leufroyia*, Monts. 1884).

Forme buccinoïde ; spire conique, étagée ; embryon paucispiré, papilleux, à nucléus subdévié ; tours anguleux, costulés au-dessus de l'angle, excavés en dessous, généralement ornés de stries spirales ; dernier tour grand, cylindroconique, un peu creusé à la base par une dépression qui sépare le cou du canal. Ouverture rhomboïdale, allongée, terminée en avant par un canal court, large et légèrement échancré ; labre presque vertical, à peine curviligne au milieu, entaillé sur la rampe suturale par un sinus ovale et profond, au-delà duquel il est antécurrent vers la suture, aminci à son contour externe, épaissi à l'intérieur où il porte quelques plis allongés et écartés, muni à l'extérieur d'un large bourrelet peu saillant, qui est situé en deçà du contour et qui cesse autour du sinus dont le rebord est plus mince ; columelle presque droite, faisant un angle arrondi de 110° avec la base de l'avant-dernier tour ; bord columellaire large et peu calleux, portant un renflement ou une dent pariétale vis-à-vis du sinus du labre, et quelques crénelures médianes, irrégulières et souvent imperceptibles, se terminant en pointe à l'extrémité antérieure, contre le canal.

Diagnose faite d'après une espèce plésiotype du Langhien des environs de Bordeaux, *C. Milleti*, Desm. (Pl. VI, fig. 36-37) provenant du Péloua, ma coll. Embryon grossi d'une espèce pliocénique de Biot, *C. scalaria*, Jan. (**Fig. 28**).

Observ. — Le type de ce genre a été créé par Carpenter dans le Catal. Mazatlan, d'après une espèce peu commune des Philippines, de sorte que la plupart des auteurs y ont substitué comme exemple *Murex linearis*, Mont., qui est mieux connu et qui a exactement les mêmes caractères génériques. Quoique les *Clathurella* soient, en général, peu variables, ce sous-genre a été l'objet de démembrements excessifs, des dénominations nouvelles ont même été proposées pour de simples variétés d'une même espèce : d'abord *Cirillia* (*non Cyrilla*, Ad.) a pour type *Murex linearis*, Montg. qui ne diffère pas — génériquement — du type de *Clathurella*, de sorte que le double emploi est évident ; *Cordieria*, qui ne pourrait en tous cas être maintenu puisque ce nom a déjà été employé par Rouault, a pour type *P. reticulata*, Ren. qui ne présente aucune différence générique avec de véritables *Clathurella* ; *Philbertia* (type : *Pl. bicolor*, Risso) et *Leufrogia* (type : *P. Leufroyi*, Mich.) sont appliquées à des formes dérivées de *Murex purpureus*, Montg. qui est une espèce de *Clathurella* à tours plus arrondis

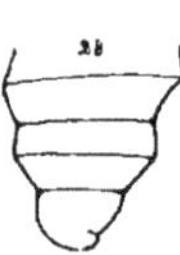

Fig. 28.

et à surface plus finement réticulée que *C. linearis :* ce sont encore des caractères distinctifs qui suffisent pour séparer des espèces, mais qui ne peuvent motiver la création de sous-genres, ni même de sections. Enfin *Lienardia* a été proposé par le docteur Jousseaume, dans le Bulletin de la Soc. zool. de France (1884), pour des coquilles caractérisées « par la présence de dents plus ou moins saillantes sur la partie interne des deux bords de l'ouverture » : or ce sont précisément les caractères typiques de *C. linearis ;* lorsque M. Jousseaume indique que son sous-genre se distingue des *Clathurella* « qui ont les bords lisses », c'est évidemment qu'il le compare à des *Mangilia ;* il n'est donc pas possible de conserver *Lienardia* qui est complètement synonyme de *Clathurella*, malgré l'avis de M. Bœttger (Moll. Phil., 1895) qui applique cette section aux *Clathurella* indopacifiques, et qui en propose même une nouvelle, *Hemilienardia* (type : *Pl. Malleti*, Recl.), pour des espèces plus petites, à peu près dénuées de plis columellaires. Cette multiplicité de subdivisions me paraît tout à fait excessive et, en tous cas, hors de proportion avec ce que nous avons admis dans les autres genres.

Rapp. et diff. — On distingue aisément *Clathurella* de *Mangilia* par l'existence de plis ou de rides à l'intérieur du labre et sur la surface médiane du bord columellaire, ainsi que par la dent pariétale et tuberculeuse, ou tout au moins par le renflement calleux, qu'on remarque à la partie postérieure de l'ouverture, vis-à-vis du sinus, lorsque les individus sont adultes. Les rides de la columelle sont quelquefois très effacées, surtout lorsqu'il s'agit de jeunes échantillons, mais les plis internes du labre existent à tout âge sur les individus dont l'ouverture est intacte, tandis qu'on n'en constate aucune trace chez *Mangilia*. Si on compare *Clathurella* avec *Eucithara*, on trouve que non seulement la forme générale est tout à fait différente, mais encore que le sinus est beaucoup plus profondément entaillé, tandis que la dent pariétale fait défaut chez *Eucithara*.

Répart. Stratigr.

Éocène .... Une espèce dans l'Australie du Sud (*M. bidentata*, Tate), ma coll.

Miocène .... Plusieurs espèces, soit dans le Langhien du Bordelais et l'Helvétien de la Touraine, soit en Italie, soit dans le bassin de Vienne (*C. Milleti*, Desm. *pagoda*, *hordacea* et *suturalis*, Millet, *subtilis*, Partsch, *subcostellata*, d'Orb. *scrobiculata*, Mich[ti], *effossa*, *declivis*, *Aldrovandii*, Bell., etc...), ma coll. et d'après la Monogr. de Bellardi, d'après l'étude préliminaire des faluns de la Touraine par Dollfus et Dautzenberg.

Pliocène .... Deux espèces typiques dans le bassin du Rhône et le Roussillon (*C. perpiniana*, Font. *P. consobrina*, Mayer), d'après la Monogr. de Fontannes et les figures du Journ. de Conchyl. (1891); trois espèces certaines dans le Crag. d'Angleterre et d'Anvers (*Pl. linearis*, Mont. *perpulchra*, Wood, et *Leufroyi*, Mich[ti]), d'après les Monogr. de S. Wood et de Nyst; plusieurs espèces en Italie (*C. scalaria*, Jan, *Luisæ*, Semp. *ringens*, *Spreafici*, *albigonensis*, Bell. *emarginata*, Donov.), ma coll. et d'après la Monogr. de Bellardi.

ÉPOQUE ACTUELLE. Nombreuses espèces dans toutes les mers, d'après le Manuel de Tryon.

GLYPHOSTOMA, Gabb, 1872. Type : *G. dentifera*, Gabb. Mioc.

Forme et ornementation de *Clathurella* ; canal un peu allongé et peu recourbé ; ouverture rétrécie ; labre très épais, fortement denté à l'intérieur ; columelle calleuse, munie d'un grand nombre de plis transversaux qui croissent d'avant en arrière.

Diagnose reproduite d'après la figure de l'espèce type, dans le Manuel de Tryon, dont la copie est ci-contre (**Fig.** 29).

Rapp. et diff. — Autant que je puis en juger d'après une figure, cette section ne diffère de *Clathurella* que par son canal un peu plus long, presque droit, par ses crénelures columellaires plus saillantes, moins obliques, et par l'absence de dent pariétale. Ces différences sont si peu certaines que M. Dall, — qui d'ailleurs conserve (*in litt.*) des doutes sur la validité de cette section, — désigne sous le nom de *Glyphostoma* un certain nombre d'espèces du Miocène de la Floride que je ne distingue pas des *Clathurella* typiques : il y a du reste des *Clathurella* européennes (*C. scalaria*, Jan) qui ont un canal assez long et presque droit. Toutefois il faut attendre, avant de supprimer *Glyphostoma*, qu'on ait pu comparer l'espèce type, que je n'ai pu me procurer.

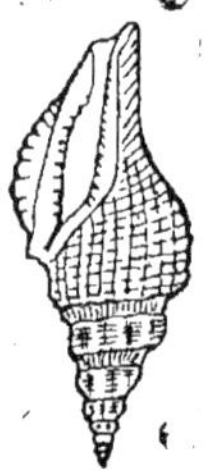

FIG. 29.

Répart. Stratigr.

MIOCÈNE .... L'espèce type dans les couches néogènes de Saint-Domingue ; quant aux espèces citées par Dall dans la Floride (*G. gratula* et *Watsoni*, Dall.), elles ne paraissent pas différer de *Clathurella*.

)ITOMA, Bellardi, 1875. Type : *Pl. angusta*, Jan. Plioc.

Forme étroite; spire turriculée, à galbe conoïde ; embryon onoïdal, à nucléus un peu dévié et papilleux; tours ornés de ostules axiales et de stries spirales très fines dans les intervalles .es côtes ; dernier tour grand, à base rapidement atténuée, terniné en avant par un canal court, tronqué et profondément échanré à son extrémité, avec un bourrelet peu saillant et cancellé sur e cou. Ouverture assez étroite, un peu plus dilatée au milieu ; abre épaissi par une forte varice, plus mince sur son contour, sse à l'intérieur, entaillé contre la suture par un sinus très prond, en forme de crochet, portant en avant une sinuosité ou épression semblable à celle de *Strombus;* columelle lisse, exca-ée en arrière, coudée vers la partie antérieure du canal ; bord olumellaire assez large, peu épais.

Diagnose refaite d'après un échantillon de l'espèce type, du Plaisancien de Biot (Pl. VII, fig. 29-30), ma coll. Embryon grossi (**Fig.** 30).

Rapp. et diff. — Ce sous-genre se distingue de *Mangilia* par l'échancrure ntérieure de son canal, par le bourrelet qui correspond ur le cou à cette échancrure, enfin et surtout par la inuosité caractéristique du contour basal de son labre ; cette dépression correspond une sinuosité des côtes xiales, sur la base du dernier tour. Si on compare *Dioma* à *Clathurella*, on l'en distingue, non seulement par e dernier caractère, mais encore par l'absence de plis l'intérieur du labre, ainsi que sur la columelle.

FIG. 30.

Répart. Stratigr.

MIOCÈNE .... L'espèce type dans l'Helvétien de la Touraine, ma coll. et dans le Tortonien des environs de Turin, d'après la Monogr. de Bellardi.

PLIOCÈNE .... L'espèce type dans l'Astien de Cannes et le Plaisancien de Biot, ma coll. ; dans le Messinien des environs de Savone, d'après la Monogr. de Bellardi, et dans le Plaisancien des environs de Bologne, d'après le Catalogue de Foresti.

Atoma, Bellardi, 1875. Type : *A. hypothetica*, Bell. Mioc.

Forme fusoïde ; spire allongée, à galbe conique; embryon paucispiré, subglobuleux et subconoïdal, à nucléus en goutte de suif; tours ornés de costules droites et saillantes, décussées par des cordons très obsolètes et écartés; dernier tour assez court, à base rapidement atténuée, terminé en avant par un canal très court, rétréci, un peu infléchi et faiblement échancré à son extrémité, avec un bourrelet très obsolète sur le cou. Ouverture subpiriforme, peu dilatée au milieu, rétrécie à la naissance du canal; labre presque vertical, à peine sinueux, sans échancrure en arrière épaissi par une très forte varice, lisse à l'intérieur; columelle arquée en *S*, dénuée de plis ou de rides; bord columellaire calleux, recouvrant imparfaitement la fente ombilicale qui le sépare du bourrelet du canal.

Diagnose faite d'après des échantillons de l'espèce type de Santa-Agata, près Turin (Pl. VII, fig. 17), coll. du Musée de Turin.

Rapp. et diff. — Ce sous-genre se rattache à *Mangilia* par son labre variqueux, mais il s'en écarte par l'absence complète du sinus qui est encore moins apparent que chez *Mangiliella* et *Eucithara*: les stries d'accroissement ne sont pas du tout curvilignes aux abords de la suture, à laquelle elles aboutissent perpendiculairement. Néanmoins, il paraît légitime de conserver cette forme dans les *Pleurotomidæ*, à cause de son faciès général et de son embryon qui ne ressemble pas à celui de *Siphonalia*.

Répart. Stratigr.

Miocène .... L'espèce type dans le Tortonien des environs de Turin, d'après la Monogr. de Bellardi; et dans l'Italie centrale d'après Doderlein.

DAPHNELLA, Hinds, 1844.

Labre mince, non plissé intérieurement; columelle lisse; sinus peu profond, contre la suture, embryon polygyré.

Daphnella, *sens. str.* Type : *D. limnæiformis*, Kiener, Viv.

Test mince; taille assez petite; forme ovale, fusoïde ou buccinoïde ; spire peu allongée, à galbe conoïde ; embryon lisse, polygyré, régulièrement conique, à nucléus pointu et très petit ; tours convexes, finement cancellés ou réticulés, munis, contre la suture, d'une rampe déclive, parfois un peu excavée; dernier tour très allongé, à base convexe, peu atténuée, terminée par un canal parfois très court, large, transversalement tronqué, sans aucune échancrure. Ouverture assez étroite, ovale ou plutôt subrhomboïdale ; labre simple, à contour arqué, entaillé sur la rampe suturale par un sinus arrondi et peu profond, généralement dilaté en avant chez les individus adultes et complets; columelle excavée au milieu, faiblement infléchie à son extrémité antérieure ; bord columellaire mince, étroit, peu visible.

Diagnose refaite d'après des échantillons typiques des Antilles, et d'après une espèce plésiotype du Messinien d'Albenga, sur le golfe de Gênes, *D. Romanii*, Lib. (Pl. VII, fig. 31-32), échantillon unique de la collection du Musée de Turin, figuré par Bellardi.

Rapp. et diff. — Ce genre se distingue aisément de *Mangilia* par son labre mince, de *Clathurella* par sa columelle lisse, et surtout de toutes les autres formes de la même sous-famille, par son canal large et tronqué, ainsi que par son labre dilaté avant d'aboutir à la troncature basale, de sorte qu'elle a l'aspect buccinoïde; toutefois le sinus est bien visible, le canal n'est pas échancré à son extrémité antérieure, il n'y a pas de bourrelet sur le cou, mais un simple petit rebord qui est la continuation du bord columellaire, sur les individus complètement adultes.

Répart. Stratigr.

Éocène......... Une espèce nouvelle dans la Loire inférieure (D. *cocænica* Cossm.) ma coll.; embryon grossi (**Fig. 31**).

Miocène......... Une espèce dans l'Helvétien de Pontlevoy, confondue avec *D. Salinasi*, mais évidemment nouvelle (*D. ponteleviensis. nob.*). Voir la description à l'annexe ci-après (Pl. VII, fig. 9-10), ma coll.; autre espèce dans le Langhien du Bordelais (*Homotoma Degrangei*, Cossm.), ma coll.

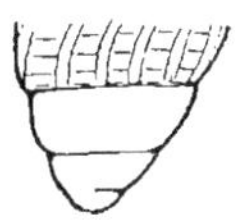

31

Fig. 31.

Daphnella

Pliocene........	Deux espèces dans les Alpes-Maritimes et la Haute Italie (*Pl. Romanii*, Lib. *Salinasi*, Bell. *Homot. producta*, Bell), ma coll. et d'après la Monogr. de Bellardi; autre espèce probable dans le Crag d'Anvers *Pl. similis*, Nyst), d'après la Monogr. du Scaldisien de Nyst; une espèce dans le Tertiaire supérieur de Java (*D. fragilissima*, Mart.), d'après la Monogr. de Martin; une espèce certaine dans les couches de Caloosahatchie, en Floride (*D. cingulata*, Dall) d'après la Monogr. de Dall.
Epoque actuelle.	Nombreuses espèces dans toutes les mers d'après le Manuel de Tryon.

Bellardiella, Fischer, 1883.

Type: *Murex* gracilis, Montg. Viv.

(= *Heterostoma*, Bell. 1847, *non* Hart. 1844; = *Bellardia*, Bucq. Dollf. Dautz. 1882, *non* Mayer 1870; = *Homotoma*, Bell. *ex max. parte*; = *Comarmondia*, Monts. 1884).

Forme élancée, fusoïde; spire allongée, à galbe conique; embryon conoïdal composé de deux tours guillochés et d'un nucléus lisse et pointu; tours convexes, costulés et ornés de filets spiraux, munis d'une rampe suturale généralement excavée; dernier tour assez court, arrondi à la base qui est rapidement atténuée, terminé par un canal allongé, un peu infléchi, tronqué sans échancrure à son extrémité. Ouverture piriforme, rétrécie en avant, vis-à-vis de l'inflexion du canal: labre très arqué, mince, entaillé au-dessus de la suture par une échancrure très profonde; columelle en *S* très oblique, arrondie, lisse; bord columellaire très étroit et très mince.

Diagnose refaite d'après des échantillons de l'espèce type, provenant de ma coll., et d'après une espèce de plésiotype du Plaisancien de Biot, *Murex textilis*, Br. (Pl. V, fig. 33-34), ma coll. Embryon grossi (**Fig.** 32).

Observ. — Le genre *Bellardia* dont le nom a été modifié (par Fischer une année avant Monterosato) pour corriger un double emploi, ne comprenait, ans la pensée de ses auteurs, qu'une seule espèce vivante, à faciès de *leurotoma*, mais dépourvue d'opercule : toutefois, en examinant les formes très hétérogènes que Bellardi a comprises ans son genre *Homotoma*, j'ai constaté que beaucoup 'entre elles sont des *Bellardiella*, à peu près semblables énériquement au type, dont Bellardi fait, au contraire, une *lathurella*, quoiqu'il n'ait pas les caractères de ce dernier enre. Il résulte de là que *Bellardiella* a une extension plus rande qu'on ne le présumait, bien que je n'y aie strictement lassé que les formes à embryon polygyré et conoïde, à labre nince et à columelle lisse.

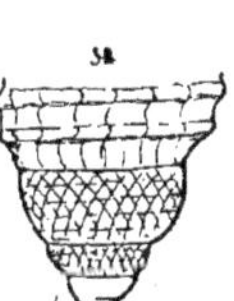

Fig. 32.

Rapp. et diff. — Au premier abord, il y a, en apparence, de réelles différences entre l'aspect de *Daphnella limnæiformis* et celui de *Bellardiella racilis;* cependant je n'admets *Bellardiella* que comme sous-genre de *Daphnella :* en effet, quand les individus sont adultes et tout à fait complets, leur canal est moins allongé et moins tordu que le comporte la diagnose de Bucquoy, Dollfus et Dautzenberg, il est même tronqué exactement omme celui de *Daphnella;* toutefois l'embryon est un peu différent, la spire st plus allongée et plus conique, le galbe est plus élancé, moins trapu, e labre n'est pas dilaté et, au contraire, il se resserre à la base, vers la naissance du canal, de sorte que l'ouverture est rétrécie. Ce sont là des caractères différentiels suffisants pour motiver la séparation d'un sous-genre, mais pas plus.

Répart. Stratigr.

MIOCENE .... Deux espèces probables dans l'Helvétien des environs de Turin (*Raphit. semicostata* et *Homot. Soldanii*, Bell.); le type dans le Tortonien d'Asti, d'après la Monogr. de Bellardi.

PLIOCENE........ Plusieurs espèces, outre le type, dans le Plaisancien et l'Astien des Alpes maritimes et de l'Italie (*Homot. textilis*, Br. *tumens* et *Raynevali*, Bell., *Pleur. stria*, Calc., *ligustica* et *Desmoulinsi*, Bell.), ma coll. et d'après la Monogr. de Bellardi; le type (sous le nom antérieur *P. emarginata*, Donov.), dans le Crag d'Anvers, d'après la Monogr. de Nyst.

ÉPOQUE ACTUELLE. Outre le type, plusieurs espèces indiquées comme *Daphnella*, mais paraissant munies d'un canal long et tordu (*D. accincta*, Montg. *interfossa*, Carp. *ærugi-nosa* et *pessulata*, Reeve, *Jacksonensis*, Angas) d'après le Manuel de Tryon.

Daphnel

Teres, Bucq. Dollf. Dautz. 1882.
Type: *Pleur. anceps*, Eichw. Mioc.(= *Pleurotoma teres*, Forbes

Forme de tarière un peu allongée ; spire turriculée à galb conique ; embryon conique, composé de quatre tours étroits, le deux premiers guillochés, les deux autres lisses, à nucléus pointu mais subdévié ; tours convexes en avant, excavés en arrière, e ornés de carènes spirales ; dernier tour convexe à la base qui es rapidement atténuée et se termine par un canal assez court, rétréc et infléchi en avant, tronqué sans échancrure à son extrémité Ouverture étroite, subpiriforme ; labre mince, arqué, entaillé pa un sinus assez profond sur la rampe suturale ; columelle lisse, u peu calleuse, arrondie, droite au milieu, coudée vers la droite e avant, et s'infléchissant enfin à gauche, vers l'axe, à son extrémité antérieure.

Diagnose refaite d'après des échantillons de l'espèce type, fossiles dans l'Astien de Cannes (Pl. VII, fig. 3-4), ma coll. Embryon grossi (Fig. 33).

Rapp. et diff. — La séparation de cette section paraît justifiée par la forme tordue que présente, du côté antérieur, le canal moins allongé et plus étroit que celui de *Bellardiella ;* l'échancrure du sinus est placée comme celle de *Daphnella*, mais l'ornementation a un faciès différent, à cause de la prédominance des carènes spirales; quant à l'embryon, il se rapproche beaucoup de celui de *Daphnella* et surtout de l'embryon de *Bellardiella*. Il me semble donc qu'on ne doit pas considérer *Teres* comme un sous-genre, mais le rattacher seulement à *Bellardiella* comme section de ce sous-genre.

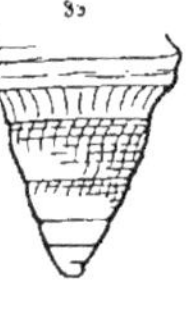

Fig. 33.

Répart. Stratigr.

Miocene .... L'espèce type dans le bassin de Vienne et dans l'Allemagne du Nord, d'après les Monogr. de Hœrnes et de von Kœnen; existe peut-être aussi dans les environs de Bordeaux, d'après un échantillon de ma coll., mais il est possible que ce soit une espèce distincte et inédite.

Daphnella

PLIOCENE........ L'espèce type dans le Crag d'Angleterre, le Plaisancien et l'Astien des Alpes-Maritimes et d'Italie, d'après les Monogr. de S. Wood et de Bellardi, et d'après le catalogue de Foresti; autre espèce voisine, dans le Messinien, le Plaisancien et l'Astien des Alpes-maritimes et d'Italie (*Pl. turritelloides*, Dall.), ma coll.

ÉPOQUE ACTUELLE. Deux espèces, l'une dans la Méditerranée, et l'autre dans les mers boréales, d'après le Manuel de Tryon.

RAPHITOMA, Bellardi, 1847.

Néotype : *Pleur. plicatella*, Jan. Plioc.

(= *Ginnania*, Monts. 1884; = *Vielliersia*, Monts. 1884; = *Smithia*, Monts. 1884, *non* Edw. et Haime. 1851.)

Forme biconique, assez courte ; spire peu allongée, à galbe conique ; embryon polygyré, conoïdal, composé d'un nucléus subdévié, de deux tours lisses et d'un tour costulé ; tours plus ou moins anguleux vers le tiers inférieur de leur hauteur, ornés de costules ployées sur l'angle, et dans leurs intervalles, de stries d'accroissement excessivement ténues, très finement chagrinées, enfin de filets spiraux plus ou moins écartés, parfois alternés, mais toujours plus serrés sur la rampe inférieure que sur la partie antérieure des tours. Dernier tour grand, régulièrement atténué à la base qui se termine par un canal un peu allongé, à peu près droit, arrondi sans échancrure à son extrémité antérieure. Ouverture étroite, peu dilatée au milieu, graduellement rétrécie en avant; labre mince, à contour peu arqué et oblique, avec un sinus peu profond au-dessus de la suture ; columelle presque rectiligne, à peine infléchie vers la droite du côté antérieur ; bord columellaire lisse, peu calleux, se terminant en pointe effilée à l'extrémité du canal.

Diagnose refaite d'après un échantillon de l'espèce néotype, provenant du Plaisancien de Biot (Pl. VIII, fig. 17), ma coll. Embryon grossi (fig. 34) d'après un individu de *R. plicata*, Lamk, du calcaire grossi de Grignon; détail du sinus (**Fig.** 35) d'un autre échantillon.

Observ. — Ce genre, créé par Bellardi dans sa Monogr. des Pleurotomes, a été restreint par lui, en 1875, dans son travail d'ensemble sur les Mollusques du Piémont, mais il n'en a pas indiqué le type : j'ai choisi comme néotype l'une des premières espèces bien caractérisées, qui figuraient dans sa Monogr. de 1847 (section D des Mollusques du Piémont), attendu que les autres groupes ont, pour la plupart été érigés en sections distinctes.

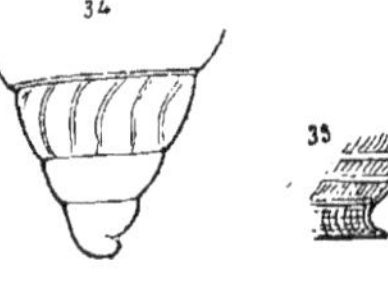

Fig. 34. Fig. 35.

Rapp. et diff. — Ce sous-genre se distingue de *Daphnella*, non seulement par son ornementation, invariablement formée de costules pliées, mais surtout par son canal non tronqué, plus allongé et plus rétréci, par son labre non dilaté, entaillé moins près de la suture; si on le compare à *Bellardiella*, on remarque que le canal est beaucoup plus droit et que les costules sont, non pas interrompues, mais seulement amincies sur la rampe postérieure de chaque tour. Ces différences justifient amplement la séparation d'un sous-genre, mais elles ne motiveraient pas, à mon avis, l'admission d'un genre distinct; c'est d'ailleurs ce qu'a également proposé Fischer dans son Manuel.

Quant aux sections, proposées en 1884 par M. de Monterosato, et que je cite dans la synonymie de *Raphitoma*, elles ont pour type des coquilles qui sont des *Raphitoma* absolument caractérisées, et ne diffèrent entre elles que par des détails d'ornementation, ayant une valeur spécifique; il serait d'autant moins admissible de former des sections d'après d'aussi faibles différences, que beaucoup d'auteurs ne considèrent quelques-unes de ces coquilles que comme des variétés d'une même espèce. A quelle profusion de nomenclature arriverait-on, si l'on appliquait à toutes les mers du globe ce procédé de sectionnement exagérément minutieux auquel on se laisse entraîner quand on n'étudie qu'une faune locale et surtout peu riche en diversité de formes?

Répart. Stratigr.

Paleocene...... Une espèce probable dans le Landénien de Belgique (*Pl. volutæformis*, Vinc.), d'après une empreinte figurée par l'auteur.

Eocene......... Nombreuses espèces dans le bassin anglo-parisien, dans la Loire-Inférieure, dans le Claibornien des États-Unis (*Pl. plicata* et *costellata*, Lamk. *subat-*

Daphnella

tenuata, d'Orb. *quantula*, *Baudoni*, *perplexa*, *Capellinii* et *citharella*, Desh. *pachycolpa*, *leptocolpa*, *Boutillieri*, *Plateaui* et *dictyella*, Cossm. *camphonensis*, Vasseur. *venusta*, Lea, *meridionalis*, Meyer), ma coll., coll. Bezançon.

OLIGOCENE....... Plusieurs espèces dans les environs d'Étampes (*Pl. costuosa* et *Prevosti*, Desh., *Bourdoti*, Cossm., et Lamb.), ma coll.; et dans le Tongrien de l'Allemagne du Nord (*R. erecta*, *muricina*, et *buccinoides*, v. Kœn.), d'après la Monogr. de M. von Kœnen.

MIOCENE........ Plusieurs espèces dans le Bordelais, la Touraine, l'Italie, le bassin de Vienne (*Pl. subcrenulata*, d'Orb., *affinis*, Duj., *vulpecula*, Br., *megastoma*, Brugn., *alifera* et *Rissii*, Bell., *Sandleri*, Partsch), ma coll. et d'après la Monogr. de Bellardi; une espèce probable dans l'Allemagne du Nord (*Mangelia Kochi*, von Kœnen), d'après la figure donnée par l'auteur.

PLIOCENE........ Nombreuses espèces dans les Alpes maritimes, dans le bassin du Rhône, en Italie, dans le Crag d'Angleterre (*Pl. hispidula* et *plicatella*, Jan, *comitatensis*, Font., *submarginata* et *sulcatula*, Bon., *nevropleura* et *tumidula*, Brugn., *Libassii*, Bell., *turgida*, Forbes, *attenuata*, Montg.), ma coll. et d'après les Monogr. de Fontannes, de Bellardi et de S. Wood.

ÉPOQUE ACTUELLE. Plusieurs espèces dans la Méditerranée, la mer Égée, l'Australie, sur les côtes de l'Amérique du Nord, d'après le répertoire de Monterosato, et le Manuel de Tryon.

PLEUROTOMELLA, Verrill, 1873. Type : *Pl. Packardi*, Verr. Viv.

(= *Systenope*, Cossm. 1889)

Taille petite ; forme fusoïde, un peu trapue ; spire assez courte, aiguë ; embryon polygyré, avec un nucléus lisse et deux tours très finement cancellés, plus fortement coloré que le reste de la coquille ; tours convexes, ornés de costules obliques, généralement crénelées par des filets spiraux, et interrompues, avant qu'elles atteignent la suture inférieure, par une gouttière excavée, sur laquelle il n'existe que de petits plis curvilignes et beaucoup plus serrés ; dernier tour grand, à base très convexe, se raccordant par un angle peu ouvert avec le cou du canal qui est droit, tronqué sans échancrure à son extrémité. Ouverture subrhomboïdale, assez large au milieu, subitement rétrécie à la naissance du canal, labre arqué, mince, sauf quand le bord coïncide avec une côte, parfois lacinié à l'intérieur par des filets spiraux, échancré sur la gouttière postérieure par un profond sinus ; columelle droite, faisant un angle de 120° avec la base de l'avant-dernier tour, obliquement infléchie à droite vers l'extrémité du canal ; bord columellaire lisse et très étroit.

Diagnose refaite d'après un échantillon d'une espèce plésiotype, provenant du calcaire grossier de Mouchy, *Systenope polycolpa*, Cossm. (Pl. VII, fig. 1-2), ma coll. Embryon grossi (**Fig.** 36).

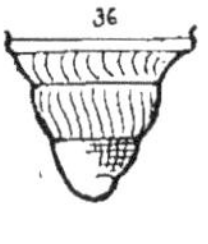

Rapp. et diff. — L'espèce type de ma section *Systenope* ne diffère que par quelques détails d'ornementation de *Pl. Packardi*, qui est le type du genre *Pleurotomella :* je n'hésite donc pas à supprimer le nom que j'avais proposé et à y substituer la dénomination antérieure de Verrill. Plusieurs des espèces de ce groupe ont été confondues soit avec *Raphitoma*, soit avec *Homotoma :* elles diffèrent du premier par leur canal subitement rétréci, par leurs côtes interrompues sur la gouttière postérieure, et par leur sinus plus profond ; elles se distinguent du second par leur embryon tout à fait différent.

Fig. 36.

Répart. Stratigr.

Eocene	Plusieurs espèces dans le bassin de Paris (*Raph. polycolpa*, *guepellensis*, *goniocolpa* et *linophora*, Cossm.), ma coll. et coll. Bezançon.
Oligocene.......	Une espèce dans le Stampien du bassin de Mayence (*Pl. Rappardi*, v. Kœn.), ma coll. ; autre espèce dans le Tongrien de l'Allemagne du Nord (*R. Eberti*, v. Kœn.), d'après la Monogr. de M. von Kœnen.
Miocene	Quelques espèces probables dans l'Helvétien et le Tortonien d'Italie (*R. inæquicosta*, *Jeffreysi*, *angulifera* et *Calandrelli*, Bell.), d'après la Monogr. de Bellardi.
Pliocene........	Une espèce à peu près certaine dans l'Astien des environs de Turin (*Pl. pulchra*, Bell.), d'après la Monogr. de Bellardi ; autre espèce très incertaine

dans la Floride, incomplète et à canal droit (*Pl. pistillata*, Dall) d'après la figure.

ÉPOQUE ACTUELLE. Le type, plusieurs variétés, et quelques espèces à peu près dépourvues de costules sur le dernier tour, habitant les côtes de l'Amérique du Nord, d'après la Monogr. de Dall sur les dragages du « Blake ».

PERATOTOMA, Harr. et Burr. 1891.

(= *Homotoma*, Bell. 1875, *non* Guérin Mennev. 1829.)

Embryon paucispiré, à nucléus papilleux et dévié.

PERATOTOMA, *sens. str.* Néotype : *Pl. striarella*, Lamk. Eoc.

Taille petite ; forme de *Pleurotomella ;* spire peu allongée à galbe à peu près conique ; embryon subglobuleux et lisse, composé d'un tour et demi, dont le nucléus forme une papille saillante, presque tordue, d'un aspect tout à fait caractéristique ; tours convexes, canaliculés au-dessus de la suture, ornés de filets spiraux et parfois de costules obliques qui ne se prolongent jamais sur la gouttière postérieure, sur laquelle il n'existe que de petits plis curvilignes d'accroissement. Dernier tour assez grand, un peu ventru, convexe à la base qui est rapidement atténuée et qui se termine par un canal court, infléchi et tronqué, sans échancrure à l'extrémité antérieure. Ouverture courte, subrhomboïdale, rétrécie vers le canal ; labre mince, lisse, arqué, légèrement sinueux en avant, échancré sur la gouttière suturale ; columelle peu calleuse, droite, faisant un angle de 130° avec la base de l'avant-dernier tour, un peu infléchie à droite du côté antérieur.

Diagnose refaite d'après un individu de l'espèce post-type du calcaire grossier de Villiers, près Paris (Pl. VII, fig. 5-6), ma coll. Embryon grossi (**Fig.** 37), d'après un autre individu du gisement de Mouchy.

Observ. — Le genre *Homotoma*, changé en *Peratotoma* par Harris et Burrows pour corriger un double emploi, est composé d'une manière tout à fait hétérogène, le *Daphnella*, de *Bellardiella*, de *Teres* et même de *Clathurella*. Je le restreins aux deux premières espèces de la Monogr. de Bellardi, et encore je n'ai pu vérifier si elles ont un embryon papilleux ; mais elles présentent exactement l'aspect extérieur de l'espèce du bassin de Paris que j'ai choisie comme néotype, précisément à cause de cette incertitude.

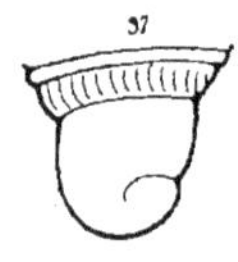

Fig. 37.

Rapp. et diff. — Ce genre ressemble beaucoup, dans son ensemble, à *Pleurotomella :* on ne peut l'en distinguer d'une manière certaine que par la forme de l'embryon qui est radicalement différent, lisse, paucispiré et papilleux, au lieu qu'il est cancellé, polygyré et conique dans tout le groupe des formes qui dérivent de *Daphnella*.

Répart. Stratigr.

Eocene......... Outre le néotype, quatre espèces certaines dans le bassin de Paris et dans la Loire inférieure (*Pl. nana* et *fragilis*, Desh. *Hom. dimeres* et *P. ozocolpa*, Cossm.), ma coll. et coll. Boutillier ; trois espèces certaines dans le Claibornien de l'Alabama (*P. insignifica*, Heilp., *Dalli* et *funiculigera*, Cossm.), ma coll.

Oligocene...... Deux espèces dans le Tongrien de l'Allemagne du Nord, sous réserve de la vérification de l'embryon (*H. alata* et *hexagona*, v. Kœn.), d'après la Monogr. de M. von. Kœnen.

Miocene........ Deux espèces dans l'Helvétien des environs de Turin (*H. Tapparonii* et *scalarata*, Bell.), d'après la Monogr. de Bellardi.

Thesbia, Jeffreys, 1867. Type : *T. nana*, Lovèn. Viv.

Taille petite ; forme buccinoïde ; spire courte, à galbe subconoïdal ; embryon paucispiré, globuleux, à nucléus papilleux ; tours convexes, dénués de rampe ou de gouttière à la suture, à surface lisse ; dernier tour relativement très grand, à base convexe, graduellement atténuée, terminé par un canal court et tronqué, dont le cou est à peu près droit. Ouverture ovale, rétrécie à la base, entaillé contre la suture par un sinus excessivement petit ; columelle sinueuse, infléchie à droite vers l'extrémité antérieure du canal ; bord columellaire mince, étroit, se terminant en pointe en avant.

Diagnose faite d'après une espèce plésiotype de l'Eocène supérieure du Bois de Perthes, aux environs de Paris, *T. microtoma*, Cossm. (Pl. VII, fig. 7-8), coll. Bezançon.

Rapp. et diff. — Ce sous-genre diffère de *Peratotoma*, par l'absence de gouttière suturale et par la surface lisse de ses tours de spire; en outre, le sinus est beaucoup plus petit et se réduit à une simple entaille bien visible, mais étroite et peu profonde; le labre est moins rétréci en avant, et il se dilate un peu comme chez *Daphnella;* mais l'embryon globuleux et dévié est tout à fait semblable à celui de *Peratotoma.*

Répart. Stratigr.

EOCENE........ L'espèce plésiotype dans le bassin de Paris et dans la Loire inférieure, connue par plusieurs échantillons.

EPOQUE ACTUELLE. Outre le type des mers arctiques, plusieurs espèces non figurées par Watson, aux îles Kerguélen et Tristan d'Acunha, d'après le Manuel de Tryon.

AMBLYACRUM, Cossm. 1889. Type: *Pl. rugosa*, Desh. Eoc.

Taille et forme de *Raphitoma;* embryon lisse, paucispiré, composé d'un tour et demi, à nucléus obtus, à peine dévié; tours costulés, convexes ou anguleux, ornés ou crénelés par des filets spiraux, plus serrés sur la rampe postérieure que sur la partie antérieure de chaque tour; dernier tour généralement supérieur à la moitié de la longueur totale, à base graduellement atténuée, se terminant par un canal court, à peu près droit, assez large, arrondi sans échancrure à son extrémité. Ouverture étroite et longue, à peine plus dilatée au milieu que vis-à-vis du canal; labre arqué, mince, entaillé sur la rampe postérieure par une échancrure arrondie, large et peu profonde; columelle presque rectiligne; bord columellaire mince, sous lequel on distingue parfois la trace des filets spiraux enroulés sur la base, et qu'il ne faut pas confondre avec de véritables plis.

Diagnose refaite d'après un échantillon typique du calcaire grossier de Mouchy (Pl. V, fig. 31-32), coll. Pezant. Embryon grossi d'un autre individu (**Fig.** 38), ma coll.

Rapp. et diff. — *Amblyacrum* est à *Raphitoma*, ce que *Peratotoma* est à *Pleurotomella ;* sans l'embryon qui est absolument différent et qu'on distingue au premier coup d'œil, il y aurait identité complète au point de vue des caractères génériques. Si on compare ce sous-genre à *Peratotoma*, on remarque qu'il s'en distingue par l'absence de gouttière suturale, par son canal plus droit, non tronqué, et par l'ornementation de sa spire ; en outre, l'embryon est plus obtus et moins dévié.

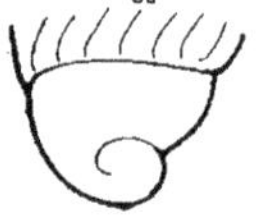

Fig. 38.

Répart. Stratigr.

Eocène........ Trois espèces, outre le type, dans le bassin de Paris, et une espèce certaine dans le Claibornien des États-Unis (*A. Chevallieri*, *crenuligerum* et *Bernayi*, Cossm. *P. tabulata*, Conrad), ma coll.

Oligocène..... Une espèce dont j'ai vérifié l'embryon, à Pierrefitte, près Étampes (*P. Dollfusi* [1], Cossm. et Lamb.), ma coll. ; autre espèce à embryon paucispiré dans les couches supérieures de Cassel (*P. Rœmeri*, Phil.), ma coll.

Miocène .... Une espèce dans le Tortonien des environs de Turin (*Murex harpulus*, Br.), d'après la Monogr. de Bellardi.

Pliocène....... La même espèce, dont j'ai vérifié l'embryon obtus, à nucléus subdévié, sur des échantillons du Plaisancien de Biot et de Bologne, ma coll.

Époque actuelle. Une espèce au moins, dont j'ai vérifié l'embryon, *Daphnella Vincentina*, Crosse, de l'Australie, ma coll., mais il est probable que d'autres *Amblyacrum* des mers actuelles ont dû être décrits comme *Raphitoma*, à cause de la ressemblance extérieure.

[1] Cette dénomination fait double emploi avec *P. Dollfusi* Vinc. qui est un *Cryptoconus* du Landénien de Belgique : je propose donc, pour l'espèce des environs d'Etampes, *A. Gustavii*, prénom de M. G. Dollfus à qui elle était dédiée.

HALIA, Risso, 1826.

(*Priamus*, Beck, *in* Desh. 1838.)

Embryon obtus ; sinus nul ; columelle tronquée.

HALIA *sens. str.* Type *H. Priamus*, Meuschen. Viv.

Taille grande ; forme d'*Agathina ;* spire courte, obtuse au sommet, à galbe ovale; embryon sans saillie, dont le nucléus elliptique est généralement corrodé ; tours peu nombreux, convexes, déprimés vers la suture inférieure, à surface lisse et brillante ; dernier tour très grand, ovale, non atténué à la base. Ouverture large, ovale ; labre mince, dilaté et arqué en avant, à peine sinueux en arrière, sans échancrure précise ; columelle très profondément excavée au milieu, infléchie à gauche du côté antérieur et tronquée à son extrémité ; bord columellaire mince, assez étroit, non limité par une strie, quoique bien distinct.

Diagnose faite d'après un échantillon de l'espèce plésiotype *H. heliçoides*, Br. fossile dans le Plaisancien d'Italie (Pl. VII, fig. 28), coll. de l'Ecole des Mines.

Rapp. et diff. — Quoique la forme de cette coquille et surtout l'absence de sinus paraissent l'écarter complètement des *Pleurotomidæ*, elle se rattache cependant à *Daphnella*, par la dilatation du labre et la troncature de la base, qui supprime presque entièrement le canal. Au contraire, son embryon n'a rien de commun avec celui de *Daphnella*, ni même de *Peratotoma*. Mais, quant à l'animal, il paraît que sa radule est la même que celle de *Mangilia*, et que son pied a beaucoup d'analogie avec celui des *Mangiliinæ*. Dans ces conditions, je ne partage pas l'avis de M. Sacco, qui propose une famille nouvelle *Haliidæ*, et qui la rapproche des *Strombidæ ;* c'est bien dans la famille *Pleurotomidæ*, comme l'ont fait Fischer et Tryon, qu'il y a lieu de placer le genre *Halia*.

Répart. Stratigr.

MIOCENE .... Une espèce et ses variétés dans l'Helvétien d'Italie (*H. præcedens*, Pant.), d'après la Monogr. de M. Sacco ; autre espèce dans le Tortonien du Portu-

Halia

gal, et d'Italie (*H. Deshayesciana*, da Costa), d'après la Monogr. de Pereira da Costa, toutefois M. Sacco ne la cite aux environs de Turin que comme une variété du type.

PLIOCENE....... Une seule espèce et ses variétés dans le Plaisancien des Alpes maritimes et d'Italie, souvent confondue avec l'espèce vivante à laquelle elle ressemble beaucoup (*H. heliçoides*, Br.), ma coll. et d'après la Monogr. de M. Sacco. Vue du sommet embryonnaire (**Fig.** 39).

FIG. 39.

EPOQUE ACTUELLE. Le type sur les côtes de l'Atlantique, depuis Cadix jusqu'au Sénégal, d'après Fischer.

CONIDÆ

Forme généralement conique ; tours presque toujours résorbés à l'intérieur ; spire peu allongée ; dernier tour grand ; canal court ; ouverture à bords parallèles ou subparallèles ; sinus labial peu profond ; bord columellaire non plissé ; opercule corné, unguiforme et étroit.

Observ. — Les coquilles de la famille *Conidæ* sont extrêmement nombreuses, surtout dans le tertiaire supérieur et à l'époque actuelle ; elles présentent, à peu d'exceptions près, un aspect uniforme qui paraît, au premier abord, être un motif pour que l'on n'établisse pas un grand nombre de subdivisions dans le genre *Conus*, c'est-à-dire dans le groupe de coquilles qui ont la spire intérieurement résorbée. Cependant ce genre est un de ceux dont l'étude est le plus difficile pour les paléontologistes, précisément à cause de la multiplicité des sections proposées par des auteurs qui n'ont envisagé que la malacologie actuelle, et parce que ces sections ne sont guère fondées que sur des différences tout à fait artificielles.

Après Montfort et Swainson, qui avaient déjà créé plusieurs sous-genres, Mörch en a considérablement augmenté le nombre, dans une liste d'espèces, sans en indiquer les caractères. Enfin plus récemment, Weinkauff a classé les espèces du cabinet Martini-Chemnitz d'une nouvelle manière, qui est peut-être très commode pour le rangement des coquilles vivantes d'une collection, mais qui complique encore davantage la tâche de ses successeurs : les sections qu'il a faites sont au nombre de 17, elles ne s'accordent pas avec celles de Mörch, en ce sens qu'un même sous-genre de ce dernier auteur peut être représenté dans plusieurs sections différentes de Weinkauff; enfin les noms qu'il leur applique sont de simples adjectifs qui ne peuvent évidemment prendre rang dans la nomenclature. Voici d'ailleurs, à titre de renseignement, d'après le Manuel de Tryon qui adopte cette classification, les groupes de Weinkauff :

1. *Marmorei* (= *Conus* typiques).
2. *Litterati* (= *Lithoconus* en partie).
3. *Figulini* (= *Dendroconus*).
4. *Arenati* (= *Puncticulis*).
5. *Mures* (= *Coronaxis*).
6. *Varii* (= *Stephanoconus*).
7. *Amirales* (= *Leptoconus* et *Rhizoconus*).
8. *Capitanei* (= *Rhizoconus* en partie).
9. *Virgines* (= *Lithoconus* en partie).
10. *Dauci* (= *Rhizoconus* en partie).
11. *Magi* (= *Phasmoconus* et *Pionoconus*).
12. *Achatini* (= *Chelyconus*).
13. *Asperi* (= *Hermes* et *Cylinder*).
14. *Terebri* (= *Hermes* en partie).
15. *Bulbi* (= *Conella*).
16. *Tulipæ* (= *Nubecula* et *Phasmoconus*).
17. *Texti* (= *Cylinder* en partie).

Cette méthode ne peut être admise, non seulement pour les raisons que j'ai indiquées plus haut, mais encore parce que l'on serait dans l'impossibilité d'indiquer des différences sérieuses qui motivent le classement d'une espèce plutôt dans l'un de ces groupes que dans l'autre.

Je préfère donc reprendre, comme l'a fait Fischer sans indiquer toutefois les différences qui caractérisent les sections, les dénominations de Montfort, de Swainson, de Mörch, ou des autres auteurs, mais en ne les plaçant pas toutes sur le même rang, car elles sont loin d'avoir une valeur équivalente au point de vue du classement systématique. C'est en partant de ce principe que j'ai dressé le tableau suivant dont la justification se trouve dans les diagnoses de chaque coupe, et qui se rapproche d'ailleurs de la classification d'Adams reproduite par Chenu.

A cette occasion, je crois utile d'appeler l'attention des conchyliologues sur un fait qui me paraît avoir une réelle importance, au point de vue de la classification des genres de *Conidæ* : c'est l'existence ou l'absence, dans l'angle inférieur de l'ouverture, d'une rainure ou d'une cicatrice sur le bord opposé au sinus du labre ; je la nomme cicatrice ou rainure pariétale ; elle n'a été signalée jusqu'à présent, autant que je le sache, par aucun auteur, quoique beaucoup de figures la reproduisent fidèlement. Je suis d'autant moins à même d'en donner l'explication et d'en signaler le but, que cette rainure existe dans tous les *Conus* proprement dits, qu'elle se réduit à une cicatrice chez les *Conorbis* et *Cryptoconus*, et qu'elle disparaît complètement des *Genotia ;* peut-être y a-t-il une corrélation avec la propriété de résorption des tours, puisque cette faculté existe, s'atténue ou manque exactement dans les mêmes genres.

Tableau des genres, sous-genres et sections.

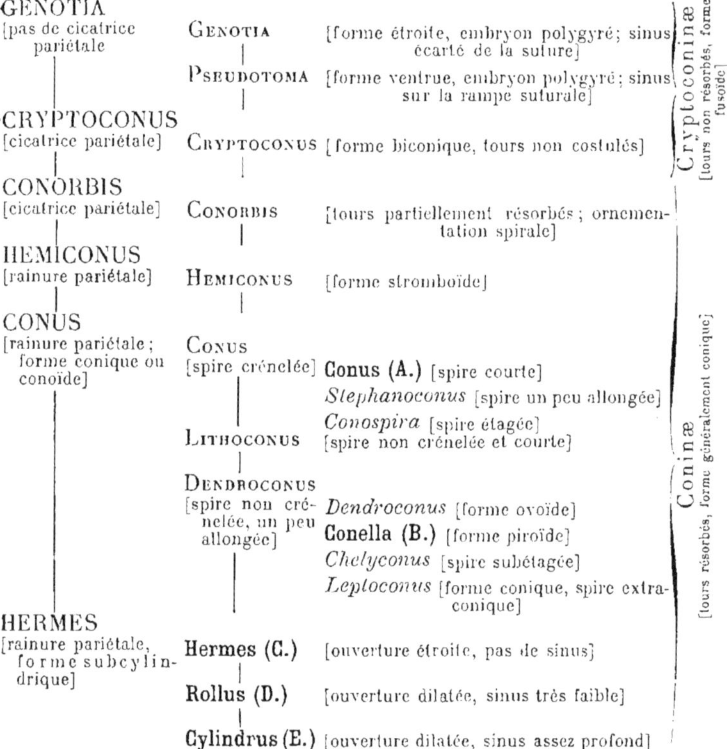

Genres et sous-genres non signalés à l'état fossile.

(A). CONUS, Lin. 1758 (= *Rhombus*, Montf. 1810; = *Coronaxis*, Swains. 1840; = *Puncticulis*, Swains. 1840; = *Asprella*, Schaufuss 1869; = *Cylindrella*, Swains. 1840, *non* Pfeiffer). Le nombre des subdivisions que Swainson a distinguées dans les *Conus* typiques, est manifestement exagéré : toutes ces formes à spire couronnée et relativement courte ne diffèrent entre elles que par des caractères spécifiques, la plupart seulement par leur ornementation ou leur coloration. Beaucoup d'auteurs, même parmi ceux qui s'occupent exclusivement des coquilles actuelles, n'hésitent pas à les réunir (Adams, Weinkauff, Fischer, Tryon) : je suis d'autant plus disposé à suivre cet exemple, que cette question n'a qu'un intérêt secondaire, au point de vue paléoconchologique, puisque le genre *Conus s.s.* n'existe pas à l'état fossile. Quant à *Rhombus*, on verra plus loin que cette dénomination doit être éliminée, puisque le type est très voisin de celui de *Conus*.

(B). Conella, Swains. 1840. — Type : *C. plicatus*, Sow. et néotype, *sec. auct.: C. bulbus*, Reeve. Forme très voisine de *Dendroconus*, un peu plus excavée à la base du dernier tour, ce qui lui donne un galbe piriforme qui peut, à la rigueur, motiver la séparation d'une section : c'est le groupe *Bulbi* de Weinkauff, le nombre des espèces vivantes de ce groupe ne dépasse pas 11, y compris les variétés du type (Tryon). Je ne connais, parmi les *Dendroconus* fossiles, aucune forme qui puisse être rapprochée de *Conella*.

(C). Hermes, Montf. 1810 (= *Theliconus*, Swains. 1840). — Type : *C. nussatella*, Lin. Forme étroite, ovoïdo-cylindrique ; spire un peu élevée ; surface sillonnée ; ouverture à bords non parallèles ; échancrure du sinus à peu près nulle ; rainure pariétale large et profonde.

(D). Rollus, Montf. 1810 (*Nubecula*, Klein 1753 ; = *Tuliparia*, Swains, 1840). — Type : *C. geographus*, Lin. Forme cylindracée ; spire courte, aiguë, à galbe extraconique, couronnée de crénelures oblongues ; surface lisse ; ouverture dilatée, largement tronquée en avant ; labre un peu arqué, presque sans sinus ; bord columellaire étroit, cylindrique et tordu ; rainure pariétale à peine indiquée.

(E). Cylindrus, Montf. 1810 *em. Cylinder* (= *Textilia*, Swains. 1840). Type : *C. textilis*, Lin. Forme ovoïde, moins cylindrique que celle des deux sous-genres précédents ; ouverture dilatée, à bord columellaire tordu vers le tiers de la hauteur du côté antérieur ; labre presque rectiligne, avec un sinus assez profond ; rainure pariétale se réduisant à une dépression large et obsolète. M. Sacco indique, dans sa Monographie des mollusques du Piémont, deux espèces du Plaisancien et de l'Astien (*C. subtextilis*, d'Orb. et *planoligusticus*, Sacco), comme appartenant peut-être à ce sous-genre : mais, autant que je puis en juger par les figures, ce sont des *Chelyconus* à spire un peu extraconique, car leur ouverture a les bords parallèles et n'est pas dilatée comme celle des véritables *Cylindrus*.

En résumé, aucune des formes qui se rattachent au genre *Hermes* ne paraît avoir existé à l'état fossile.

GENOTIA, H. et A. Adams, *em.* 1853.

Canal large et échancré à la base, avec un bourrelet enroulé sur le cou ; sinus labial assez large, peu profond ; bord columellaire épais, calleux en avant, séparé du bourrelet par une dépression ombilicale imperforée.

Genotia, *sens. str.* Type : *Bucc. mitriforme*, Wood. Viv.

Forme oblongue, fusoïde; spire turriculée, conique; embryon polygyré, composé de deux tours et demi, convexes, à galbe conoïdal, à nucléus obtus et déprimé; tours anguleux, généralement tuberculeux sur l'angle et treillissés sur le reste de la surface; dernier tour très grand par rapport à la spire, terminé en avant par un canal un peu sinueux, presque sans étranglement à la base; bourrelet épais, non limité, enroulé sur le cou du canal et aboutissant à son échancrure antérieure. Ouverture étroite, à bords presque parallèles; labre mince, parfois plissé à l'intérieur, fortement arqué, entaillé par une échancrure arrondie qui coïncide avec l'angle tuberculeux du dernier tour, et au-delà de laquelle le contour du labre se raccorde, par un quart de cercle, perpendiculairement à la suture; columelle légèrement flexueuse en avant, tangente en arrière à la base de l'avant-dernier tour; bord columellaire presque nul et mince du côté postérieur, plus épais à partir du bourrelet, cylindracé et se terminant en pointe contre l'extrémité antérieure du canal; pas de cicatrice pariétale.

Diagnose faite d'après une espèce plésiotype du Pliocène inférieur de Sienne, *G. Craveri*, Bell. (Pl. VII, fig. 34-35), ma coll. Embryon grossi d'un *G. ramosa*, de Dax (**Fig.** 40), ma coll.

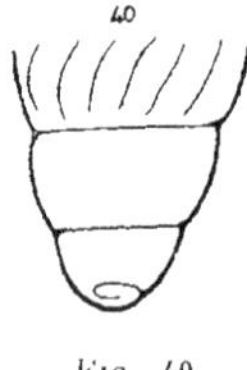

Fig. 40.

Observ. — Quoique la forme de cette coquille ne ressemble pas à celle de *Conus*, et que les tours ne soient pas résorbés à l'intérieur, l'opercule étant, d'après Adams, identique à celui de *Conus*, il y a lieu de classer *Genotia* (*non Genota*) dans la famille *Conidæ* : je propose d'ailleurs de grouper les genres à tours non résorbés dans une sous-famille distincte *Cryptoconinæ*, qui est intermédiaire entre *Pleurotomidæ* et *Conidæ s.s.*

Répart. Stratigr.

Eocene .... Plusieurs espèces à labre plissé, dans le bassin anglo-darisien et dans les environs de Nantes (*P. lyra*,

Genotia

Desh., *Schlumbergeri*, de Rainc., *pyrgota* et *aspera*, Edw., *conoidea*, Sol.), ma coll.

LIGOCENE ...... Une espèce dans le Tongrien de Belgique (*P. bellula*, Phil.), ma coll.; autre espèce dans le Tongrien de l'Allemagne du Nord (*P. pseudocolon*, Gieb.), d'après la Monogr. de M. von Kœnen; une espèce dans les couches supérieures du Vicentin, *cf. G. ramosa*, d'après Fuchs, mais probablement différente.

IOCENE .... Plusieurs espèces dans le Langhien, l'Helvétien et le Tortonien des environs de Dax et de Bordeaux, dans l'Helvétien de la Touraine, dans la Molasse de la Provence et de la Corse, en Italie et dans le bassin de Vienne (*P. ramosa*, Bast., *austrogallica*, Mayer, *G. Craveri*, Bell. *Elisæ*, H. et A.), ma coll.; et en Italie (*G. proavia* et *Mayeri*, Bell.), d'après la Monogr. de Bellardi.

LIOCENE .... Une espèce dans le Messinien de Sienne (*G. Craveri*, Bell.), ma coll.; autre espèce dans le Plaisancien et l'Astien (*G. Bonnani*, Bell.), d'après la Monogr. de Bellardi.

POQUE ACTUELLE. Le type et ses variétés sur les côtes occidentales d'Afrique; autre espèce peu certaine au Japon, d'après le Manuel de Tryon.

PSEUDOTOMA, Bell. 1873. Type : *P. lævis*, Bell. Mioc.

Forme ventrue; spire assez courte, à galbe conoïdal; embryon sse, paucispiré, à nucléus obtus en goutte de suif; tours tantôt sses, tantôt ornés, excavés au-dessus de la suture; dernier tour rand, arrondi à la base, terminé par un canal presque droit, ofondément échancré à son extrémité; bourrelet arrondi, limité ar un étranglement du cou et aboutissant à l'échancrure du anal. Ouverture piriforme, assez large en arrière, à peine plus roite en avant, à bords non parallèles; labre mince, médiocrement arqué, avec un sinus très peu profond et arrondi au-dessous e la convexité du dernier tour, puis obliquement antécurrent vers suture; columelle presque verticale, à peine infléchie à droite u côté antérieur, se raccordant par un angle arrondi et très uvert avec la base de l'avant-dernier tour; bord columellaire de *enotia*; pas de cicatricule pariétale.

Genotia

Diagnose refaite d'après une espèce plésiotype de l'Astien de Cannes, *P. intorta*, Br. (Pl. VIII, fig. 11), ma coll. ; autre espèce à faciès de *Clinura*, dans le Tortonien de Vöslau (Autriche), *P. Bonellii*, Bell. (= *P. bracteata*, Bronn, *non Murex bracteatus*, Br.) Pl. VII, fig. 11-12, ma coll. Embryon grossi (**Fig. 41**), d'après un individu de Biot

Rapp. et diff. — D'après Tryon, *Pseudotoma* serait synonyme de *Genotia*, tandis que Fischer l'admet au rang de sous-genre distinct; cette dernière opinion me paraît beaucoup plus fondée, si l'on tient compte non seulement de la forme et de la position du sinus qui est moins profond, plus ouvert et situé plus bas, de la columelle qui est moins fluxueuse, de la forme générale qui est plus trapue, du cou du canal qui est plus obtus, mais surtout de l'embryon qui est beaucoup plus court et plus obtus; on peut même se demander si ces différences importantes ne justifieraient pas la séparation d'un genre complètement distinct. Quant aux différences d'ornementation, elles n'ont pas la valeur que Bellardi leur a attribuée, attendu que notre plésiotype est à peu près orné comme une *Genotia*, tout en présentant les autres caractères de *P. lævis*, qui est le type d'après Bellardi.

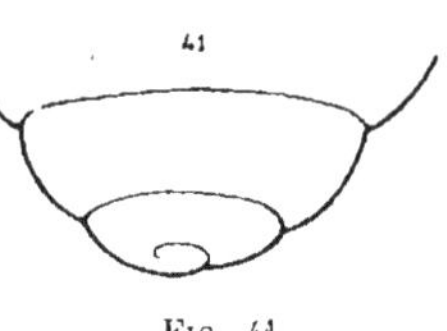

Fig. 41.

Répart. Stratigr.

Eocene........ Plusieurs espèces dans le bassin de Paris, dans le Claibornien des États-Unis et dans l'Australie du Sud (*P. coronata*, Lamk. *Loustauæ* et *quieta*, Desh. *colpophora*, Cossm. *Heilprini*, Aldr. *Daph. sculptilis* et *crassilirata*, Tate), ma coll.; une espèce dans le London clay d'Angleterre, rapportée à tort à *P. intorta*, et dont le nom a été changé en *P. Topleyi*, par M. von Kœnen.

Oligocene...... Plusieurs espèces : soit dans le Rupélien de Belgique (*P. Morreni*, de Kon.), ma coll.; soit dans le Tongrien de l'Allemagne du Nord (*P. coniformis*, *angystoma*, *crassistria*, v. Kœn.); autre espèce dans les couches de Dego en Italie (*P. oligocænica*, Bell.) d'après la monogr. de Bellardi.

Miocene........ Nombreuses espèces, outre le type, dans le Langhien des environs de Bordeaux, dans l'Helvétien et le Tortonien d'Italie, et dans le bassin d'Ostrau Karwin en Autriche (*P. striolata*, *semirugosa*, *Genei*, *Orbignyi*, *connectens*, *præcedens*, *pinnata*, *Bonellii* et *hirsuta*, Bell.) d'après le Catal. de Benoist, la Monogr. de Bellardi et une note de M. Kittl ; autre espèce à Edeghem et dans l'Allemagne du Nord (*P. Bodei*, v. Kœn.), ma coll., plusieurs autres espèces ou variétés dans le bassin de Vienne (*P. Idæ*, *Malvinæ*, R. Hœrn. *Hoheneggeri* et *orlaviensis*, M. Hœrn.), d'après la Monogr. de Hœrnes et Auinger.

PLIOCENE........ Une espèce très répandue dans le Plaisancien et l'Astien des Alpes maritimes et d'Italie (*P. intorta*, Br , ma coll.; deux autres espèces déjà citées dans le Miocene, dans le Plaisancien et l'Astien des Alpes marit. (*P. Bonellii* et *brevis*, Bell.), ma coll.

ÉPOQUE ACTUELLE. Deux espèces encore inédites, provenant des dragages de l'Hirondelle, coll. Dautzenberg.

CRYPTOCONUS, von Kœnen, 1867.

Forme biconique ; embryon paucispiré, obtus ; ouverture à bords non parallèles ; canal non échancré en avant, sinus large et triangulaire ; bord columellaire très calleux

CRYPTOCONUS, *sens. str.* Type : *Pl. filosa*, Lamk. Eoc.

Forme en général trapue ; spire assez allongée, à galbe conique ; embryon peu développé, à nucléus à peine saillant et obliquement dévié ; tours peu convexes, lisses ou ornés de filets, généralement déprimés au-dessus des sutures qui sont bordées ; dernier tour grand, à base ovale ou déclive, ornée de filets plus serrés qui s'enroulent sur le cou du canal. Ouverture peu dilatée au milieu, à peine rétrécie sur le canal qui est extrêmement court, ovale à son extrémité ; labre très arqué, entaillé sur la dépression postérieure par une échancrure triangulaire et arrondie au sommet, puis antécurrent obliquement sous un angle de 45° vers la suture ; columelle presque droite, un peu tordue en avant ; bord columellaire étroit, très calleux, séparé de la convexité du cou par une dépression ombilicale presque toujours imperforée ; cicatricule pariétale à peine visible dans l'angle inférieur de l'ouverture.

Diagnose refaite d'après un individu de l'espèce type du calcaire grossier de Villiers (Pl. VII, fig. 20-21), ma coll. Embryon grossi (**Fig.** 42).

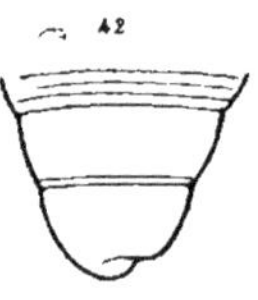

Fig. 42.

Rapp. et diff. — Ce genre, un des meilleurs qui aient été proposés, se distingue de *Pseudotoma*, non seulement par la forme extérieure et l'ornementation de la spire mais par son canal à peu près nul, sans aucune échancrure à l'extrémité antérieure, par son bord columellaire plus étroit et plus cylindracé; en outre, le nucléus embryonnaire est moins obtus.

Répart. Stratigr.

Paleocene...... Une espèce à peu près certaine dans le Landénien de Belgique (*Pl. Dollfusi*, Vinc.), d'après la figure donnée par l'auteur.

Eocene......... Nombreuses espèces, outre le type, dans le bassin anglo-parisien, dans la Loire inférieure; dans le Vicentin, aux environs de Thun et d'Einsiedeln (*P. prisca*, Sol. *clavicularis* et *glabrata*, Lamk *calophora*, *subdecussata*, *evulsa*, *lineolata*, *erecta*, *approximata*, *bistriata*, *labiata*, *elongata*, Desh. *C. Baudoni* et *infragradatus*, Cossm.), ma coll. et d'après les Monogr. d'Edwards et de Mayer-Eymar; autre espèce dans le Claibornien des États-Unis (*C. Conradi*, de Greg.), d'après la Monogr. de M. de Gregorio.

Oligocene...... Plusieurs espèces, soit à Gaas (*P. subfilosa* et *emarginata*, d'Orb.), soit dans le Vicentin (*P. alsiosa*, Brongn.), ma coll.; cette espèce dans le Tongrien de l'Allemagne du Nord et de Belgique (*C. Dunkeri*, von Kœn.), d'après la Monographie de M. von Kœnen; deux espèces dans les couches de Dego, au Piémont (*C. degensis*, Mayer et *exacutus*, Bell.), d'après la Monogr. de M. Sacco.

CONORBIS, Swainson, 1840.

Tours partiellement résorbés sur le plancher et vers le sommet (*fide* Kœnen); columelle rectiligne.

ONORBIS, *sensu extenso*, von Kœn. 1867.

Type : *Conus dormitor*, Sow. Eoc.

Forme biconique, trapue ; spire peu allongée, toujours plus ourte que l'ouverture, à galbe régulièrement conique ; embryon omposé de deux tours et demi, à nucléus arrondi et un peu dévié ; ours cerclés par des cordons spiraux ou par des rubans aplatis ue séparent des rainures plus étroites, et finement plissés par s accroissements ; dernier tour très grand, ovale en arrière, coniuement atténué à la base qui est largement tronquée, avec une ible échancrure à l'extrémité du canal. Ouverture étroite, longue, bords tout à fait parallèles ; labre mince, lisse à l'intérieur, largement développé en arc de cercle, échancré au-dessus de la ture par un sinus arrondi ; columelle rectiligne dans la plus rande partie de sa longueur, tordue sur elle-même à la base, le i de torsion presque vertical ; bord columellaire, très étroit et ès court, un peu calleux vis-à-vis de la torsion columellaire, éparé par une rainure d'un bourrelet obsolète qui correspond, sur cou du canal, à l'échancrure basale ; cicatricule pariétale très facée, dans l'angle inférieur de l'ouverture.

Diagnose refaite d'après des individus de l'espèce type, provenant de Barton (Pl. VIII, fig. 16. et 18), ma coll. Embryon grossi (**Fig.** 43), d'après un individu de *C. marginatus*, Lamk., provenant du calcaire grossier de Mouchy.

Rapp. et diff. — Dans une thèse demeurée classique, M. le docteur von œnen a démontré, avec des coupes à l'appui, que le genre de Swainson, ui ne comprenait primitivement que l'espèce type, doit re appliqué à toutes celles dont les tours sont résorbés, plancher séparatif s'amincissant graduellement au oint de disparaître complètement vers le sommet, omme cela a lieu chez *Conus* ; tandis que chez *Cryptonus*, au contraire, le plancher séparatif conserve à tout ge une épaisseur uniforme, de sorte que la coupe axiale la coquille montre une série de loges analogue, à elles des *Pleurotomidæ*. Comme on ne peut pas toujours sacrifier des xemplaires rares, pour vérifier l'existence de ce caractère distinctif, le

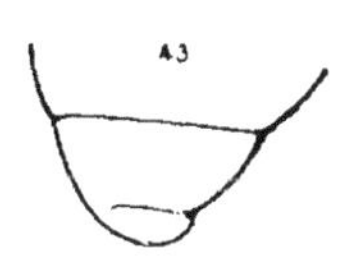

Fig. 43.

paléontologiste peut se guider d'après les différences suivantes : *Conorbi* a la columelle bien plus droite que *Cryptoconus*, son ouverture a des bord plus parallèles, son canal est subéchancré au lieu d'être arrondi à l'extré mité antérieure, sa forme générale est plus biconique, son sinus labia est plus arrondi, enfin son embryon est moins paucispiré et plus mamill au sommet. Le genre *Conorbis* n'est connu, jusqu'à présent, qu'à l'éta fossile, à la partie inférieure des terrains tertiaires ; cependant j'ai vu, dan la coll. Dautzenberg, un individu de *Conus coromandelianus*, Smith, qu ressemble beaucoup, par sa forme extérieure, aux véritables *Conorbis* mais il faudrait vérifier si la coupe axiale présente les mêmes caractères et, en outre, il resterait un hiatus peu explicable entre l'Oligocène e l'Époque actuelle.

Répart. Stratigr.

Senonien.......	Une espèce très douteuse, à l'état de moule, dans le couches de Rio Pabas au Brésil, attribuées au Cré tacé supérieur (*C. restitutus*, White), d'après l Monogr. de White.
Eocene.........	Quelques espèces, outre le type, dans le bassin anglo parisien (*C. seminudus* et *alatus*, Edw. *Pl. amphi conus*, Sow. *marginata*, Lamk. *subangulata*, Desh *C. æquipartitus*, Cossm.), ma coll.; une espèce dan le Claibornien du Mississipi (*C. alatoideus*, Aldr.) ma coll.
Oligocene	Plusieurs espèces dans le Tongrien de l'Allemagne d Nord (*C. procerus*, Beyr. *Deshayesi* et *Grotriani* v. Kœn.), d'après la Monogr. de M. von Kœnen une espèce incertaine à Gaas, dans le bassin d l'Adour (*Pl. marginata*, Grat. *non* Lamk.), d'aprè la note de M. von Kœnen ; autre espèce et ses va riétés dans le Tongrien du Piémont et du Vicenti (*C. protensus*, Mich[ti]), ma coll. et d'après la Monogr de M. Sacco.

HEMICONUS, Cossmann, 1889.

Strombiforme ; sutures plissées ; embryon globuleux.

Hemiconus, *sens. str.* Type : *C. stromboides*, Lamk. Eoc.

Taille petite ; forme biconique, stromboïde ; spire généralemen égale au tiers de la longueur totale ; embryon lisse, paucispiré, globuleux, à nucléus obtus et légèrement dévié ; tours convexes ou subanguleux, ornés sur l'angle de tubercules plus ou moins apparents et assez écartés, excavés en arrière et invariablement plissés par les accroissements contre la suture inférieure ; dernier tour grand, souvent orné d'une couronne inférieure de tubercules, écartés de la suture, parfois très obsolètes ; surface couverte de filets spiraux plus ou moins apparents, quelquefois crénelés par les accroissements. Ouverture à bords presque parallèles, terminée en avant par un canal large, indistinct, sans échancrure à son extrémité ; labre un peu arqué, entaillé sous l'angle postérieur par une sinuosité très peu profonde ; bord columellaire rectiligne sur la plus grande partie de sa hauteur, légèrement déprimé en avant, avec une torsion interne presque cachée dans l'ouverture, et située vers le cinquième de la hauteur de celle-ci ; rainure pariétale peu profonde, parfois peu visible.

Diagnose refaite d'après un échantillon de l'espèce type du calcaire grossier de Grignon (Pl. VIII, fig. 1 et 6), coll. Bourdot. Embryon grossi (**Fig. 44**), d'après un individu de la Ferme de l'Orme.

Rapp. et diff. — Ce genre se distingue de *Conorbis*, non seulement par sa couronne de tubercules qui s'oblitère sur quelques espèces, mais encore par son labre moins arqué et par son sinus peu profond, enfin par sa rainure pariétale qui le rapproche de *Conus;* mais il s'écarte de ce dernier genre par sa forme de *Strombus*, par son bouton embryonnaire, par sa rainure pariétale peu profonde ; d'ailleurs sa spire est plus élevée que celle de *Stephanoconus*, dont l'échancrure labiale est également peu profonde ; au contraire, on distingue *Hemiconus* de *Conospira* qui a aussi la spire élevée, par son échancrure moins profonde, par ses tours non étagés, par l'aspect tout différent des tubercules du dernier tour, par sa surface ornée, par sa rainure moins large et moins profonde, etc. ; en outre, la torsion de la columelle est beaucoup moins visible que dans la plupart des formes de *Conus*, à spire couronnée. On peut donc admettre que c'est un genre tout à fait distinct, qui forme un lien de transition entre *Conorbis* et *Conus*, mais se rapprochant davantage de ce dernier, dans la même sous-famille, puisque les tours sont résorbés et qu'il existe une rainure pariétale.

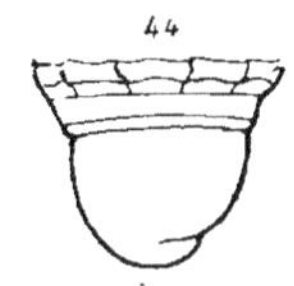

Fig. 44.

Répart. Stratigr.

EOCÈNE......... Une espèce dans le Suessonien et plusieurs dans le Parisien du bassin anglo-parisien et de la Loire-Inférieure (*C. bicoronatus*, Mell. *stromboides*. Lamk. *disjunctus*, *granatinus*, *Defranci*, *turbinopsis*, Desh. *costiger*, Cossm. *lineatus et scabriculus*, Sol. *Tromelini*, Vass. *peraratus*, Cossm.), ma coll.

OLIGOCÈNE....... Une espèce dans les environs d'Étampes et dans le bassin de Mayence (*C. symmetricus*, Desh.; une espèce dans le Tongrien inférieur de l'Allemagne du Nord (*C. insculptus*, v. Kœn.), d'après la Monogr. de M. von Kœnen.

MIOCÈNE........ Plusieurs espèces dans le bassin de l'Adour, dans l'Helvétien d'Italie et le Tortonien du bassin de Vienne (*C. granulifer*, Grat. *ornatus*, Michti, *dertogranularis*, Sacco, *Stachei*, Hœrn. et Auing.), d'après l'Atlas de Grateloup et les Monogr. de Sacco et de Hœrnes et Auinger.

PLIOCÈNE........ Une espèce et ses variétés dans l'Astien des environs de Turin (*C. granularis*, Borson), d'après la Monogr. de M. Sacco.

CONUS, Linné, 1758.

(= *Rhombus*, Montf. 1810).

Forme conique ou conoïde ; surface lisse ou striée spiralement ; spire à tours embrassants, toujours plus courte que l'ouverture qui est étroite, à bords parallèles, terminée en avant par un canal tronqué sans échancrure ; labre mince, peu arqué, entaillé près de la suture par une sinuosité qui coïncide avec la rampe inférieure du dernier tour ; bord columellaire rectiligne sur la plus grande partie de sa hauteur, avec un pli tordu plus ou moins visible à la partie antérieure, et une petite rainure pariétale dans l'angle inférieur.

Observ. — Le type du genre Conus est, d'après Lamarck (1798, confirmé en 1801), *C. marmoreus*, L. caractérisé par sa spire courte, par les grosses crénelures aiguës qui couronnent les tours de spire, par son galbe à peu près régulièrement conique, en général assez étroit. Aucun auteur n'a encore, à ma connaissance, signalé la rainure spirale qui existe à la partie inférieure de l'ouverture, sur la paroi opposée au sinus labial : cette rainure est obsolète, large et peu profonde chez *C. marmoreus*, mais elle existe invariablement chez toutes les espèces vivantes ou fossiles que j'ai étudiées, du moins quand elles ne sont pas trop roulées. La torsion de la columelle, située au quart de la hauteur de l'ouverture du côté antérieur chez *C. marmoreus*, est aussi un caractère commun à tous les *Conus* : elle produit un pli plus ou moins saillant, correspondant à la cessation du bord columellaire très étroit qui s'enroule à l'intérieur de l'ouverture. Les linéoles spirales et colorées des coquilles vivantes laissent souvent des traces un peu saillantes qui pourraient faire croire que la surface du dernier tour n'est pas lisse ; mais cette surface est lisse, en réalité, chez *C. marmoreus*, et chez la plupart des espèces classées dans le groupe *Marmorei* de Weinkauff, qui se compose de formes parfaitement typiques. Du côté antérieur, on remarque invariablement des cordons obliquement enroulés sur la base et sur le cou du canal : ils sont d'abord obsolètes et l'on n'en constate l'existence qu'au toucher, puis ils deviennent plus saillants vers l'embouchure du canal.

La dénomination *Rhombus*, Montf est synonyme de *Conus s. s.*, attendu que le type de Montfort est *C. imperialis*, L. qui est une espèce couronnée comme *C. marmoreus* : il est vrai que Montfort admettait comme type du genre *Conus*, *C. generalis*, L. qui est une tout autre forme ; mais cette interprétation, postérieure de douze années à celle de Lamarck, ne peut être admise : il est donc correct d'éliminer *Rhombus*. Quant à *Coronaxis*, Swains. les espèces auxquelles peut être appliquée cette détermination me paraissent intermédiaires entre *Conus*, *s. s.* et *Stephanoconus* : c'est donc encore probablement un synonyme de ces deux groupes.

STEPHANOCONUS, Mörch, 1852. Néotype : *C. cedonulli*, L. Viv.

Galbe à peu près conique ; spire médiocrement saillante, couronnée de tubercules obtus près de la suture supérieure de chaque tour ; stries spirales sur la rampe inférieure, parfois sur toute la surface du dernier tour ; cordons écartés et parfois granuleux sur la région antérieure de la base. Ouverture un peu plus étroite en arrière qu'en avant ; labre arqué, avec une échancrure inférieure peu profonde ; columelle tordue un peu plus haut que le quart de la longueur de l'ouverture ; rainure pariétale étroite et profonde.

Diagnose faite d'après un échantillon de l'espèce type des Antilles, et d'après une espèce plésiotype de l'Eocène supérieur de Cresnes, *C. cresnensis*, Morlet (Pl. VIII, fig. 19 et 23), ma coll.

Observ. — Le premier *Stephanoconus* cité dans la liste de Mörch est

C. *leucostictus*, mais c'est une espèce extrêmement voisine de C. *nebulosus*, Sol. (*cedonulli*, L.) qui est beaucoup plus commun et plus connu : tel est le motif pour lequel la plupart des auteurs indiquent *C. cedonulli*, comme exemple de cette section. D'ailleurs Mörch inscrit *C. nebulosus*, comme synonyme de *leucostictus* (ce qui ne serait pas exact, d'après le Manuel de Tryon), de sorte que le choix de *C. cedonulli*, comme néotype paraît confirmé par l'auteur lui-même.

Rapp. et diff. — Les caractères qui permettent de distinguer *Stephanoconus*, de *Conus*, *s. s.*, sont d'une importance tout à fait secondaire : la spire est un peu plus allongée, les tubercules sont plus obtus que les crénelures de *C. marmoreus*, et sont même souvent à demi effacés, le galbe du dernier tour est un peu moins conique, plus ovalement atténué en arrière, l'ouverture a les bords moins parallèles, le labre est plus arqué, la rainure pariétale est plus profonde, enfin la torsion columellaire est placée un peu plus en avant. Ces différences ne sont pas absolument constantes, il y a des passages évidents d'une forme à l'autre, de sorte qu'à ne considérer que la coquille, on ne peut admettre au plus *Stephanoconus* que comme une section de *Conus*.

Répart. Stratigr.

SENONIEN........ Une espèce probable dans la Craie de Californie (*C. Remondi*, Gabb.) d'après la Monogr. de Gabb. et Whitney.

EOCENE......... Plusieurs espèces dans le bassin de Paris, dans la Loire inférieure et aux environs de Thun (*C. crenulatus*, *calvimontensis* et *sulcifer*, Desh., *cresnensis*, Morlet), ma coll., coll. Dumas, et d'après Mayer-Eymar ; autre espèce probable dans l'Australie du Sud (*C. hamiltonensis*, Tate) d'après la figure donnée par l'auteur.

OLIGOCENE...... Une espèce douteuse, peut-être *Conospira*, dans le Tongrien de l'Allemagne du Nord (*C. plicatilis*, von Kœn.) d'après la Monogr. de M. von Kœnen ; deux espèces dans le Tongrien de l'Italie septentrionale (*C. Ighinai*, Mich[ti], *carcarensis*, Sacco) d'après la Monogr. de M. Sacco.

MIOCENE......... Une espèce dans le bassin de l'Adour (*C. subnicobaricus*, d'Orb.) d'après l'Atlas de Grateloup ; la même espèce et deux autres dans l'Helvétien des environs de Turin (*C. Gastaldii* et *Bredai*, Mich[ti]) d'après la Monogr. de M. Sacco.

PLIOCENE........ Une espèce douteuse dans les couches récentes de Java (*C. ornatissimus*, Mart.) d'après la Monogr. de M. Martin.

ÉPOQUE ACTUELLE. Plusieurs espèces, outre le type, aux Antilles, aux îles Moluques, aux Philippines, etc..., classées dans le groupe *Varii*, d'après le Manuel de Tryon.

CONOSPIRA, de Gregorio *em.* 1890.

Type: *C. antediluvianus*, Brug. Plioc.

(= *Conilithes*, Swains, 1840, *non Conilites*, Schloth. 1820, *nec* Lamk. 1822).

Forme étroite, biconique; spire étagée, à galbe conique; embryon proboscidiforme, conoïdal, composé de trois tours lisses et subulés, à nucléus obtus et subdévié; tours en gradins, ornés de crénelures sur l'angle médian, excavés entre cet angle et la suture inférieure, sillonnés sur la partie plane et antérieure; dernier tour grand, à profil parfaitement conique, généralement lisse, sauf sur le cou du canal où s'enroulent des sillons serrés et profonds: la couronne inférieure de crénelures porte invariablement deux ou trois sillons spiraux assez profonds, rarement effacés sur les individus les plus adultes, et donnant aux tubercules l'aspect bifide ou trifide. Ouverture étroite, à bords absolument parallèles, tronquée à la base, sans aucune échancrure; labre arqué, surtout en arrière, et très profondément entaillé par un sinus arrondi, sur la rampe contiguë à la suture; bord columellaire formant une étroite carène qui s'enfonce comme un pli tordu à la partie antérieure de la columelle; rainure pariétale large et profonde, tout à fait cachée dans l'angle inférieur.

Diagnose refaite d'après un échantillon de l'espèce type du Plaisancien de Biot (Pl. VIII, fig. 7-8), ma coll. Embryon grossi (**Fig. 45**) d'après un individu de *C. Lebruni*, Desh. provenant du calcaire grossier de Trye (Oise).

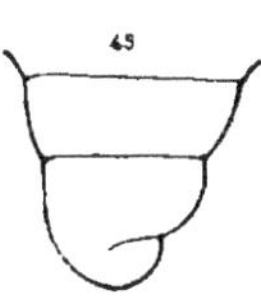

FIG. 45.

Observ. — Le même type a été désigné, dès 1840, par Swainson sous le nom générique *Conilithes*, qui fait double emploi avec *Conilites*, déjà employé antérieurement par Schlotheim ou par Lamark: c'est donc bien la dénomination proposée par M. de Gregorio qu'il faut reprendre, mais en lui donnant une désinence plus correcte; en effet le nom *Conospirus*, qu'avait proposé M. de Grégorio, est un solécisme (σπεῖρα, la spire) ; j'ai par conséquent corrigé cette dénomination dont la désinence doit être féminine.

Rapp. et diff. — Cette section se distingue de *Stephanoconus*, par sa sphère encore plus élevée et étagée en gradins, avec des crénelures plus saillantes et toujours divisées par des sillons transversaux, par son ouverture à bords plus parallèles, par sa torsion columellaire plus cachée.

Répart. Stratigr.

EOCENE .... Plusieurs espèces dans le bassin anglo-parisien (*C. parisiensis* et *Lebruni*, Desh. *concinnus*, Sow.), ma coll. ; une espèce différente dans la Loire inférieure (*C. Bareti*, Vass.), ma coll. ; deux autres espèces dans le Claibornien de l'Alabama et du Mississipi (*C. protractus* [1], Meyer et *subdiadema*, de Greg.), ma coll.

OLIGOCENE....... Une espèce dans le Tongrien de l'Allemagne du Nord et de Belgique (*C. Beyrichi*, v. Kœn.), ma coll.

MIOCENE .... Une espèce caractéristique dans l'Helvétien de la Touraine, dans le Tortonien du bassin de Vienne, des environs de Turin, des Landes et du Portugal (*C. Dujardini*, Desh.), ma coll.; le type, ses variétés et une autre espèce dans l'Helvétien et le Tortonien des environs de Turin, ainsi qu'à Saubrigues dans l'Aquitaine (*C. Bronni*, Mich[ti]) d'après la Monogr. de M. Sacco et ma coll. ; autre espèce dans l'Aquitanien des Landes et du Bordelais (*C. aquitanicus*, Mayer), ma coll. ; une espèce peut-être distincte, quoique jeune, dans le bassin de Vienne (*Lept. Berwerthi*, H. et A.) d'après la Monogr. de Hœrnes et Auinger.

PLIOCENE........ Le type et *C. Bronni*, dans le Plaisancien des Alpes maritimes et d'Italie, ma coll.

LITHOCONUS, Mörch 1852. Néotype ; *C. millepunctatus*, Lamk. Viv.

Forme conique ; spire généralement peu saillante, à galbe extraconique, parfois même presque plane, de sorte que la coquille peut se tenir debout sur son sommet ; embryon pauci-

[1] C'est *C. parvus*, H. Lea, qui ne peut conserver ce nom, déjà employé en 1820 par Borson.

spiré, souvent globuleux, à nucléus très obtus ; tours non crénelés, légèrement excavés et spiralement sillonnés, séparés par de profondes sutures ; dernier tour embrassant à peu près toute la coquille, à galbe subconique, parfois un peu excavé au milieu, atténué et arrondi en arrière vers la périphérie de la spire ; surface ordinairement lisse, sauf quelques sillons très écartés à la base. Ouverture à bords parallèles du côté postérieur, légèrement dilatée vers le quart antérieur de la hauteur, tronquée et faiblement échancrée à l'extrémité du canal ; labre assez oblique, à peu près rectiligne, largement échancré en arrière ; bord columellaire subitement déprimé du côté antérieur et séparé par cette dépression d'un bourrelet obsolète qui correspond aux accroissements de l'échancrure antérieure du canal ; rainure pariétale très large et superficielle, souvent peu visible.

Diagnose faite d'après une espèce plésiotype, commune à tous les niveaux du terrain tertiaire supérieur, *C. Mercati*, Brocchi, du Tortonien de Potzleinsdorf dans le bassin de Vienne (Pl. VIII, fig. 9-10), ma coll. Embryon anormal de *C. pullulescens*, Tate (**Fig.** 46) d'après un individu de l'Eocène de l'Australie du Sud, ma coll.

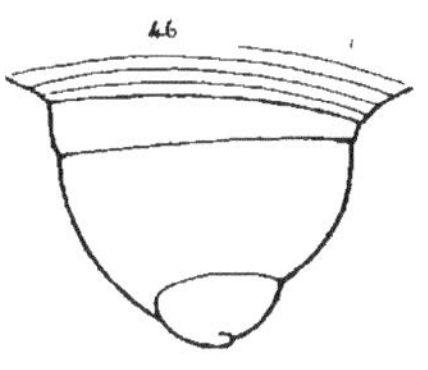

Fig. 46.

Rapp. et diff. — Cette forme pourrait être prise pour le type conique par excellence, surtout quand la spire est peu saillante : elle se distingue de *Conus*, *s. s.*, non seulement par l'absence de crénelures, mais par le coude que forme en avant le bord columellaire, par l'inclinaison plus oblique du labre, par sa rainure pariétale moins étroite, moins profonde ; enfin, le bouton embryonnaire est différent de celui des espèces à spire couronnée de crénelures ou de tubercules.

Répart. Stratigr.

Senonien........ Une espèce douteuse, à l'état de moule, dans les couches de Rio Pabas au Brésil, attribuées au Crétacé supérieur (*C. conditorius*, White) d'après la Monogr. de White.

Eocene......... Une espèce aberrante dans le bassin anglo-parisien et dans le Vicentin, à spire souvent un peu élevée et crénelée sur les premiers tours, à embryon un peu

Conus

plus long que la forme typique (*C. diversiformis*, Desh.), ma coll. ; variété plus plane de la même espèce, à Bracklesham (*C. Edwardsi*, Desh.), ma coll. ; espèce voisine dans les Alpes bavaroises (*C. planus*, Schauroth), ma coll.; autre espèce typique dans le Claibornien de l'Alabama (*C. sauridens*, Conr.), ma coll. ; plusieurs espèces dans l'Australie du Sud (*C. Dennanti*, *cuspidatus*, *ligatus*, Tate, *pullulescens*, T. Woods), ma coll. ; deux espèces dans les couches nummulitiques de l'Inde (*C. militaris* et *brevis* Sow.) d'après la Monogr. de d'Archiac et Haime.

OLIGOCÈNE....... L'espèce éocénique dans le Vicentin, peut-être distincte (*C. diversiformis*, Desh.), ma coll. ; autre espèce dans le Tongrien de la Ligurie (*C. ineditus*, Mich[ti]) d'après la Monogr. de M. Sacco.

MIOCÈNE .... L'espèce plésiotype ou ses variétés, dans le Langhien, l'Helvétien et le Tortonien de l'Aquitaine, de la Touraine, de l'Italie et du bassin de Vienne, ma coll.; autre espèce voisine dans les Landes et en Serbie (*C. tarbellianus*, Grat.), ma coll. ; deux autres espèces dans l'Helvétien et le Tortonien des environs de Turin (*C. subacuminatus* d'Orb., *antiquus*, Lamk.) d'après la Monogr. de M. Sacco ; plusieurs espèces différentes dans le bassin de Vienne et en Portugal (C. *Tietzei*, *Neumayri*, *hungaricus* H. et A., *cacellensis*, da Costa) d'après la Monogr. de Hœrnes et Auinger et de da Costa.

PLIOCÈNE........ Le plésiotype dans l'Astien des Alpes maritimes, ma coll., et dans le Plaisancien d'Italie avec une espèce très voisine (*C. Aldrovandii*, Br.) d'après la Monogr. de M. Sacco et le Catalogue de M. Foresti ; plusieurs espèces dans les couches récentes de Java (*C. Hardi*, *odengensis*, *djarianensis*, Mart., d'après la Monogr. de M. Martin ; une espèce dans les couches récentes de Karikal dans l'Inde (*C. malaccanus*, Hwass, coll. Bonnet.

ÉPOQUE ACTUELLE... Nombreuses espèces dans toutes les mers, classées dans les groupes *Litterati* et *Virgines*, d'après le Manuel de Tryon.

DENDROCONUS, Swainson, 1840. Type : *C. figulinus*, Lin. Viv.

Forme un peu ovale ; spire courte, subulée, à galbe légèrement extraconique; embryon globuleux, parfois proboscidiforme généralement paucispiré, à nucléus aplati ; tours un peu convexes. les premiers souvent crénelés, les suivants quelquefois ornés de stries spirales ; dernier tour lisse, embrassant presque toute la coquille, à galbe arrondi en arrière à la périphérie de la spire, atténué et faiblement excavé à la base, sur laquelle apparaissent des sillons obliquement enroulés sur le cou du canal. Ouverture à bords non parallèles, un peu plus dilatée à l'embouchure du canal, qui est légèrement échancré à son extrémité antérieure; labre à peine arqué, presque vertical, avec un sinus large et très peu profond du côté postérieur ; bord columellaire imperceptiblement tordu et à peine sinueux du côté antérieur ; dépression pariétale très obsolète.

Diagnose faite d'après un échantillon de l'espèce type, et d'après une espèce plésiotype fossile, *C. Eschwegi*, da Costa, de l'étage Tortonien de Cacella en Portugal (Pl. VIII, fig. 2 et 3), ma coll. Embryon grossi (**Fig.** 47), d'après un échantillon de *C. piruloides*, Doderl. provenant du Langhien de Peloua (Gironde), ma coll.

Rapp. et diff. — Ce sous-genre se distingue aisément de *Lithoconus*, qui a également une spire courte, par sa forme moins conique, plus ovale ; par son ouverture à bords moins parallèles, et par son bord columellaire à peine coudé en avant : par son labre non oblique, moins échancré en arrière. Si on restreint *Dendroconus* au type et aux formes qui s'y rattachent étroitement, on peut à la rigueur en disjoindre plusieurs sections, ou au moins une, ainsi qu'on le verra ci-après : mais je me hâte d'ajouter que les passages d'une forme à l'autre se font par des intermédiaires tellement nombreux et variés, que ces subdivisions n'ont, à mon avis, qu'une valeur tout à fait artificielle. Comme d'ailleurs la dénomination créée par Swainson a la priorité sur celles qu'a proposées Mörch, c'est bien à *Dendroconus* qu'il faut réserver le nom de sous-genre, tandis que les autres coupes ne seraient au plus que des sections de ce sous-genre.

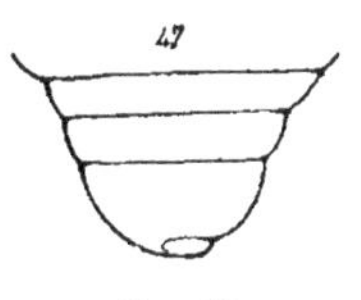

Fig. 47.

Répart. Stratigr.

Miocène . . . . Plusieurs espèces dans le Langhien des environs de Bordeaux, dans l'Helvétien et le Tortonien du Portugal et d'Italie, dans le bassin de Vienne

(*C. piruloides*, Doderl. *betulinoides*, Lamk. *Berghausi*, Mich. *Eschwegi* et *subraristriatus*, da Costa, *maculosus*, Grat. *fuscocingulatus*, Bronn, *moravicus voslauensis*, *Loroisi* et *Vaceki*, H. et A.), ma coll. et d'après les Monogr. de da Costa, de M. Sacco, de Hœrnes et Auinger.

PLIOCENE.......... Deux des mêmes espèces dans le Plaisancien et l'Astien d'Italie (*C. betulinoides*, Lamk. *Berghausi* Mich.), d'après la Monogr. de M. Sacco; deux espèces dans les couches récentes de Java (*C. glaucus*, Hwass et *Hoschtetteri*, Mart.), d'après la Monogr. de M. Martin.

EPOQUE ACTUELLE.. Environ huit espèces avec leurs variétés, dans les mers chaudes, d'après le Manuel de Tryon.

CHELYCONUS, Mörch, 1852. Type : *C. testudinarius*, Mart. Viv.
(= *Pionoconus* et *Phasmoconus*, Mörch, 1852.)

Forme ovoïdo-conique, assez étroite; spire en général élevée, à galbe conique ou conoïde; dernier tour grand, subanguleux à la périphérie de la spire, presque entièrement lisse, atténué à la base sur laquelle s'enroulent des cordonnets plus ou moins obsolètes. Ouverture à bords à peu près parallèles, plus dilatée cependant du côté antérieur, et terminée par un canal court, non échancré; labre presque rectiligne au milieu, largement arqué en arrière, entaillé par un sinus peu profond et aboutissant perpendiculairement à la suture ; bord columellaire étroit et fortement tordu en avant vers le quart de la hauteur ; rainure pariétale assez large, très oblique, creusée dans une callosité dont le rebord la sépare de la gouttière située dans l'angle inférieur de l'ouverture.

Diagnose faite d'après une espèce plésiotype fossile, *C. Nox*, Br. du Tortonien de Saubrigues (Pl. VIII, fig. 20 et 22), ma coll.

Observ. — La première espèce de *Chelyconus* citée dans la liste de Mörch est *C. testudinarius*, espèce très voisine de *C. spectrum*, que Fischer a indiquée comme exemple, probablement parce qu'elle est plus connue, tandis que Tryon s'écarte davantage de la forme initiale en indiquant *C. achatina*, Chemn. ; il place d'ailleurs dans un autre groupe *C. magus*, ype du sous-genre *Pionoconus*, Mörch, que je considère comme synonyme de *Chelyconus*, attendu que *C. magus* ne diffère pas génériquement le *C. testudinarius*. En réalité, comme il s'agit d'une section qui comprend les formes extrêmement variables, il n'est pas étonnant qu'il règne une grande incertitude dans le classement des espèces qu'on peut rapporter à *Chelyconus ;* mais l'interprétation de Fischer, conforme à celle d'Adams, paraît la plus rationnelle : c'est également celle qu'a adoptée M. Sacco pour les espèces fossiles du Piémont et de la Ligurie, et je ne puis mieux faire que de suivre cet exemple, sous la réserve que *Chelyconus* n'est qu'une section du sous-genre *Dendroconus*.

Rapp. et diff. — Il n'est pas aisé de fixer des caractères distinctifs et bien tranchés entre *Dendroconus* et *Chelyconus :* en général, ces derniers ont une forme plus étroite et une spire plus allongée, à galbe plus conoïde un angle plus ou moins net à la périphérie inférieure du dernier tour, tandis que *Dendroconus* est parfaitement arrondi ; l'absence complète d'échancrure à l'extrémité du canal, la torsion plus forte du bord columellaire, la profondeur plus grande de la rainure pariétale qui est très oblique, sont encore des caractères qui, quoique fugitifs, permettent à la rigueur de séparer *Chelyconus*. Mais c'est la limite de ce que l'on peut admettre comme subdivision de *Dendroconus*, si l'on veut éviter d'être entraîné à une multiplicité excessive des sections complètement inutiles, en disproportion avec la classification plus sobre des autres familles : c'est pourquoi j'ai rejeté *Pionoconus* et *Phasmoconus*.

Répart. Stratigr.

MIOCENE .... Nombreuses espèces dans le Langhien de l'Aquitaine, dans le Tortonien et l'Helvétien du Portugal et d'Italie, dans le bassin de Vienne (*C. burdigalensis* et *gallicus*, Mayer, *avellana* et *clavatus* Lamk. *ponderosus*, Br. *taurorectus*, *montisclavus*, *dertogibbus* et *Mari*, Sacco, *Puschi*, Mich. *lapugyensis*, *oliveformis*, *Suessi* et *prælongus*, H. et A. *obesus*, Mich. *raristriatus*, Bell. et Mich *parvus*, Borson, *taurinensis*, Bell. et Mich. *mediterraneus*, Brug. *Belus*, d'Orb.), ma coll. et d'après les Monogr. de M. Sacco, de Hœrnes et Auinger.

PLIOCENE .... Nombreuses espèces dans le bassin du Rhône, le Roussillon, les Alpes maritimes et l'Italie (*C. Deshayesi*, Bell. et Mich. *ponderosus*, Br. *læviponderosus*, Sacco, *Noæ*, Br. *Corynetes*, Font. *pirula*, *striatulus* et *pelagicus*, Br. *mediterraneus*, Brug, *gastriculus* Doderl. *bitorosus*, Font. *ventricosus*, Bronn.), ma coll. et d'après les Monogr. de Fontan-

Conu

nes et de M. Sacco; une espèce sénestre dans le couches de Caloosahatchie en Floride (*C. adversarius*, Conrad = *Tryoni*, Heilp.) d'après le Monogr. de Heilprin et de M. Dall.

ÉPOQUE ACTUELLE... Très nombreuses espèces exotiques et une espèc méditerranéenne, d'après le Manuel de Tryon qui les classe: soit dans le groupe *Magi*, soi dans les *Achatini*, soit dans le groupe *Dauci*.

LEPTOCONUS, Swainson, 1840. Type: *C. grandis*, Sow. et néotype *sec. auct.*: *C. amiralis*, Lin. Viv (= *Rhizoconus*, Mörch, *ex parte*)

Forme conique; spire assez courte, généralement étagée, à galbe extraconique; tours en gradins, excavés et sillonnés sur la rampe située au-dessous de l'angle qui les divise en deux régions inégales, la région antérieure cylindrique et lisse se réduisan parfois à un gradin très étroit ou presque nul; dernier tour à profil à peu près rectiligne, généralement lisse dans la moitié inférieure, sillonné ou orné de filets et atténué vers la base. Ouverture à bords à peu près parallèles, subitement dilatée en avant, terminée par un canal assez large, non échancré; labre un peu arqué, profondément entaillé sur la rampe postérieure; bord columellaire très fortement tordu vers le cinquième de la hauteur de l'ouverture, du côté antérieur; dépression pariétale mal limitée, à peu près horizontale.

Diagnose faite d'après une espèce plésiotype fossile de l'Eocène moyen de Grignon, *C. deperditus*, Brug. (**Fig. 48**), ma coll.

FIG. 48.

Rapp. et diff. — Cette section se distingue assez aisément de *Dendroconus* et *Chelyconus* par son galbe plus conique et par ses tours en gradins, excavés au-dessous de l'angle; si on la compare à *Lithoconus*, on l'en distingue par son canal non échancré, par son labre non oblique, par son sinus beaucoup plus profond, surtout par sa spire plus étagée. Il y a lieu d'y réunir la plupart des *Rhizoconus*: le type de ce sous-genre de Mörch est *C. miles*, qui ne diffère pas génériquement de *C. amiralis*, mais d'autres *Rhizoconus* appartiennent aussi à la section *Chelyconus*.

Répart. Stratigr.	
Senonien	Une espèce probable dans la Craie de Californie (*C. Horni*, Gabb.), d'après la Monogr. de Gabb et Whitney.
Eocene	Plusieurs espèces dans le calcaire grossier du bassin de Paris (*C. deperditus*, Brug. *derelictus*, *turriculatus* et *incomptus*, Desh.), ma coll. ; une espèce dans les couches de Selsey, en Angleterre (*C. selseiensis*, Gardn. = *Lamarcki*, Edw. *non* Kiener).
Oligocene	Une espèce dans le bassin de l'Adour (*C. Grateloupi*, d'Orb.), ma coll. ; autre espèce dans le Tongrien de l'Allemagne du Nord (*C. Ewaldi*, v. Kœn.), d'après la Monogr. de M. von Kœnen).
Miocene	Plusieurs espèces dans l'Helvétien et le Tortonien d'Italie, dans le bassin de Vienne (*C. Allionii*, Br. *elatus* et *oblitus*, Mich. *tauroelatus*, Sacco, *Rhiz. Tschermaki*, H. et A.), d'après les Monogr. de M. Sacco et de Hœrnes et Auinger ; une espèce dans le Langhien des environs de Bordeaux (*C. Saucatsensis*, Mayer), ma coll.
Pliocene	Trois espèces dans le Plaisancien et l'Astien des Alpes maritimes et d'Italie (*C. Brocchii*, Bronn, *virginalis* et *canaliculatus*. Br.), ma coll. et d'après la Monogr. de M. Sacco.
Epoque actuelle.	Nombreuses espèces exotiques de la section *Amirales*, d'après le Manuel de Tryon.

ANNEXE

1° Notes complémentaires relatives a la première livraison.

Depuis la publication de notre première livraison, quelques rectifications ou additions ont été faites à la classification des genres d'Opisthobranches : le but des notes qui suivent est de mettre à jour cette classification, et de tenir compte soit des erreurs qui m'ont été signalées, soit des faits nouveaux que j'ai pu observer, soit des publications récemment faites par d'autres auteurs.

ACTÆON, Montf. 1810.

Répart. Stratigr. — Je n'ai pu mentionner (p. 46) dans les couches crétaciques, « aucune espèce certaine en Europe » ; cette lacune est comblée, ainsi qu'on le verra ci-dessous :

Senonien .... Une espèce bien caractérisée dans le Santonien inférieur des Bains de Rennes (*Torn. Beaumonti*, d'Arch.) et une autre espèce nouvelle (*Act. subjunceus*, Cossm.) figurée dans le Bulletin du Congrès de Carthage (Assoc. franç. 1896), coll. de Grossouvre.

Solidula, F. v. Waldh. 1807.

Répart. Stratigr. — Ce sous-genre n'a été indiqué que dans l'Eocène et le Miocène ; il faut y ajouter désormais :

Pliocene .... Une espèce certaine dans les couches récentes de la Nouvelle-Zélande (*Torn. alba*, Hutton), d'après la figure donnée par l'auteur.

TORNATELLÆA, Conr. 1860.

Répart. Stratigr. — Au point de vue de l'extension géographique de ce genre, pendant la période jurassique, il est intéressant de signaler le gisement ci-après :

BAJOCIEN........ Une espèce analogue à *T. Lorierei* dans les couches à *Amm. Humphriesianus* du Chili (*Act. manglasensis*, Möricke) d'après la figure donnée par l'auteur.

ACTÆONINA, d'Orb. 1847.

Observ. — Dans la 59e livraison du « Manual of Conchology » (p. 172), M. Pilsbry attribue au genre *Actæonina* deux espèces vivantes, l'une assez grande, l'autre très petite, qui ne me paraissent pas appartenir à ce genre, ni à aucune des subdivisions qu'il comporte dans les terrains secondaires. En premier lieu, autant qu'on peut en juger par des figures, les deux espèces ne sont évidemment pas du même genre : la plus grande, *A. edentula*, Watson, est ventrue et finement striée dans le sens spiral, sa columelle est calleuse, et son ouverture est arrondie à la base ; sa spire est assez courte, la coquille n'a pas la forme ni l'ornementation des *Ovactæonina*, qui en sont d'ailleurs séparées par une longue période géologique ; il est probable que c'est une forme nouvelle, à rapprocher des *Actæonidæa*, si ce n'est même un grand *Actæon* dont le pli est peu visible. Quant à la petite espèce, *A. charis*, Watson, elle est aussi striée et assez ventrue, mais sa columelle est mince, subtronquée en avant, le bord columellaire se détache de la base du côté antérieur; la forme de l'extrémité antérieure de l'ouverture ressemble à celle de *Bullinula*, quoi qu'il n'y ait pas d'échancrure au contour, ni de bourrelet basal ; peut-être cette coquille doit-elle être rapprochée des *Hydatina*, dont elle se distinguerait par sa spire allongée. Il appartient aux auteurs qui possèdent des exemplaires de ces deux formes vivantes, de leur donner des noms génériques et d'en fixer le classement ; mais je ne puis les admettre comme représentant actuellement le genre secondaire *Actæonina*.

PTYCHOCYLINDRITES, Cossm. 1895.

Répart. Stratigr. — Ce sous-genre n'a été signalé que dans le sous-étage Ptérocérien du Jura ; il y a lieu d'ajouter le niveau ci-après, qui prolonge son existence.

PORTLANDIEN.... Une espèce, plus étranglée en avant que la forme typique, dans le calcaire de Folpengue, près d'Angoulême (*P. strangulatus*, Cossm.), coll. Jolly, d'après la « Contribution à la Pal. franç. des terr. jurass. Gastrop., Opisthobr. ».

ACTÆONELLA, d'Orb. 1842.

Observ. — J'ai indiqué que le type de ce genre est *Act. lævis*, Sow. de Gosau (*non* d'Orb.), c'est-à-dire précisément la coquille que j'ai décrite sous le nom *A. terebellum* (p. 148, pl. II, fig. 20) : il en résulte que celle d'Uchaux, qui est bien différente et que d'Orbigny a réunie à tort avec *A. lævis*, doit recevoir un autre nom. Je l'ai dénommée *A. uchauxiensis* (Assoc. franç. Congrès de Carthage, 1896). Mais, comme elles appartiennent toutes deux au même genre, cela ne modifie pas la dénomination du genre, qui aura désormais pour néotype *A. uchauxiensis*, *nob.*, c'est-à-dire la coquille que d'Orbigny avait en vue, quand il a créé le genre.

Répart. Stratigr. — Il y a lieu d'ajouter deux niveaux qui comblent certaines lacunes :

CENOMANIEN..... Une espèce dans les couches du col de Schiosi, en Vénétie (*Volv. schiosensis*, Bœhm), d'après la figure donnée par l'auteur.

GARUMNIEN...... Une petite espèce certaine dans l'Ariège (*Act. olivæformis*, Meiss.) coll. Jolly.

TROCHACTÆON, Meek, 1863.

Répart. Stratigr. — Quelques indications complémentaires, relatives à l'extension géographique.

CENOMANIEN..... Une espèce dans les couches du col de Ichiosi, en Vénétie (*Conus Schiosensis*, Bœhm), d'après la figure de l'auteur, qui m'affirme cependant qu'il n'aperçoit pas de traces de plis columellaires : en tous cas, ce n'est pas un *Conus* à ce niveau, ni même une *Gosavia*, puisque la surface est lisse et qu'il n'y a pas de sinus.

GARUMNIEN...... Une espèce certaine à Auzas dans l'Ariège (*Act. Baylei*, Leym.), coll. Jolly.

RETUSA, Brown, 1827.

Répart. Stratigr. — L'existence de ce sous-genre n'a été signalée, à l'étage Turonien, que dans l'Inde ; le renseignement suivant en complètera l'extension géographique :

TURONIEN .... Deux échantillons certains dans le sous-étage Provencien de Monthiers dans la Charente (*Retusa Jollyi*, Cossm. Assoc. franç. Congrès de Carthage, 1896), coll. Jolly.

PLICOBULLA, Cossm. 1895. Type : *P. Dumasi*, Cossm. Eoc.

(Moll. Eoc. Loire infér. Bull. Soc. Sc. nat. Ouest, n° 4, p. 193, pl. III, fig. 8-9).

Forme ventrue, ovoïde ; spire étroitement perforée au sommet, perforation partiellement occluse par un épaississement du labre ; dernier tour embrassant toute la coquille, lisse, sauf aux extrémités qui portent des stries spirales. Ouverture assez étroite, à peine dilatée et versante en avant ; labre épaissi à l'intérieur, peu arqué, formant, avant de se raccorder au sommet, un bec ou un crochet dont la callosité s'applique presque totalement sur la perforation apicale ; columelle excavée, portant au milieu un fort pli lamelleux et oblique, dont la carène extérieure limite en avant un bord columellaire évasé et calleux, et se raccorde avec le bord supérieur par une courbe continue, sans aucune apparence de troncature de la columelle.

Diagnose faite d'après un individu de l'espèce type, provenant de la Close dans la Loire inférieure (Pl. VIII, fig. 3-4), ma coll.

Rapp. et diff. — Ce sous-genre se distingue de *Bulla* et *Acrocolpus* par son pli columellaire, saillant et caréné ; de *Cylichnella*, par la position de ce pli, par l'absence d'un second pli postérieur, et par son sommet plus étroitement perforé, en partie clos par l'épaississement du labre ; de *Roxania*, par son pli columellaire, par l'absence de troncature à la base de la columelle ; de *Bullinella* et de *Cylichnina*, par la saillie lamelleuse du pli columellaire, au lieu d'une torsion simplement coudée de la columelle. Ce sous-genre prend place, à côté de *Cylichnella*, dans le genre *Bullinella*, quoique la forme versante de l'ouverture à la base ressemble beaucoup à celle de *Bulla* ; mais la plication de la columelle rattache *Plicobulla* à *Bullinella*, dont la columelle porte toujours un renflement ou une torsion pliciforme, qui n'existe jamais chez *Bulla*, *Haminea* ou *Acrocolpus*.

Répart. Stratigr.

Eocène......... L'espèce type dans les couches parisiennes du bassin de Saffré et de Camphon, près Nantes, coll. Dumas, ma coll.; autre espèce dans le Claibornien de Jackson, aux États-Unis (*Bulla bitruncata*, Meyer), ma coll.

BULLOPSIS, Conrad, 1858.

(Essais de Pal. comp. I, p. 111, fig. 40.)

Test assez épais; forme ovale ventrue, tronquée au sommet; spire visible au fond d'une excavation occupant le tiers du diamètre de la troncature; nucléus embryonnaire très petit, au centre de l'excavation apicale; surface ornée de sillons spiraux écartés et de larges bandes de coloration brune, séparées par des intervalles plus larges encore. Ouverture piriforme, dilatée en avant, non sinueuse à la base qui ne porte aucune trace de bourrelet, labre mince, un peu oblique à gauche de l'axe, du côté antérieur, non sinueux en arrière et se raccordant perpendiculairement à l'avant-dernier tour; bord columellaire large et vernissé, appliqué sur la base, portant vers le haut deux gros plis obliques et lamelleux, extérieurement limité par une carène qui se raccorde sans sinuosité avec le contour supérieur.

Diagnose refaite d'après des échantillons de l'espèce type, *B. cretacea*, Conr. provenant de Ripley dans la Craie du Mississipi (Pl. IV, fig. 4-6), collection du Musée national de Washington, obligeamment communiqués par cette administration.

Observ. — Dans l'incertitude où je me trouvais, au sujet des véritables caractères de cette coquille, qui ne m'était connue que par une figure, j'ai classé le genre *Bullopsis* dans la famille *Aplustridæ*, à côté de *Hydatina*, à cause de la troncature du sommet de la spire, qui est largement visible. L'examen des types qui m'ont été envoyés en communication par la Direction du Musée de Washington (Smithsonian Institute) modifie complètement mon opinion primitive sur la position systématique de ce genre : aucun de ces trois échantillons munis de leur test, en parfait état de conservation, ne montre de sinuosité basale, comme il en existe chez *Hydatina;* leur test est beaucoup plus épais que ne l'est généralement celui des

Aplustridæ ; mais ils se distinguent surtout par leur bord columellaire qui, au lieu d'être mince et transparent, est calleux, vernissé, opaque, et muni de deux plis : il n'est pas possible de rapprocher de telles coquilles des *Hydatina*, par le simple motif que la spire est visible. Pour trouver une forme, un labre et un bord columellaire analogues, il faut les comparer aux *Bullidæ ;* aussi c'est dans cette famille que je propose actuellement de classer *Bullopsis*, et de l'admettre à titre de genre distinct, caractérisé non seulement par sa plication columellaire tout à fait inattendue, mais encore par sa spire largement découverte.

Répart. Stratigr. — Il n'y a rien à ajouter à ce que j'ai précédemment indiqué : l'espèce type est la seule qu'on connaisse jusqu'à présent : le terrain dans lequel elle a été recueillie est une sorte de grès vert et sableux, où le test des coquilles se conserve, quoique fragile. Les géologues américains considèrent ce terrain comme appartenant à l'époque crétacique, mais il est difficile de fixer sa position synchronique, relativement aux couches crétacées de l'Europe.

BULLINELLA, Newton, 1891.

Répart. Stratigr. — Lorsque j'ai signalé, avec un point de doute, ce genre dans le Sénonien de l'Inde, je n'avais pas à ma disposition le Mémoire de d'Archiac sur le Crétacé des Corbières ; pour combler cette lacune, il y a lieu d'indiquer :

Senonien........ Une espèce à peu près certaine dans le Santonien des Bains de Rennes (*Bulla Palassoni*, d'Arch.), d'après la figure du Bull. de la Soc. géol. de Fr. 1854.

ROXANIA, Leach, *sec.* Gray, 1847.

Répart. Stratigr. — Je n'ai pu indiquer l'existence de ce genre que dans la Craie du Missouri, et avec peu de certitude ; grâce à de nouveaux matériaux, je signale :

Senonien .... Deux espèces à peu près certaines dans le Santonien des Corbières, l'une à Bains de Rennes (*Bulla ovoides*, d'Arch.), d'après la figure du Bull. de la Soc. géol. de Fr. 1854 ; l'autre à Sougraignes, dans l'Aude (*Roxania Peroni*, Cossm.), décrite dans le Bull. du Congrès de Carthage de l'Assoc. franç. 1896, coll. de Grossouvre.

Acrostemma, Cossm. 1889.

Répart. Stratigr. — Ce sous-genre n'a pas été signalé avant l'époque tertiaire ; or, en examinant le Mémoire précité de d'Archiac, on peut ajouter :

Senonien .... Une espèce presque certaine dans le Santonien de Bains de Rennes (*Bulla Baylei*, d'Arch.), d'après la figure du Bull. de la Soc. géol. de Fr. 1854.

Pyrunculus, Pilsbry, 1894. Type : *Sao piriformis*, Ad. Viv.

Observ. — Ce sous-genre, créé dans la 60e livraison du « Manual of Conchology » de Tryon et Pilsbry (p. 229), est destiné à remplacer *Sao*, Ad. 1850 (*non* Billberg, 1829, Crust.) ; il contient des coquilles dont deux espèces seulement ont été figurées, mais qui me paraissent, d'après ces figures, très voisines de *Mnestia* ou d'*Alicula*. L'auteur le place dans la famille *Tornatinidæ*, comme sous-genre de *Retusa*, ainsi que *Cylichina* d'ailleurs. Je me borne à enregistrer cette opinion, et je n'ai pas à la discuter, le sous-genre dont il s'agit n'étant pas connu à l'état fossile ; mais je ne crois pas que *Cylichnina* appartienne à la famille *Tornatinidæ*.

Micromelo, Pilsbry, 1894. Type : *Bulla undata*, Brug. Viv.

Observ. — Ce genre a été proposé pour des coquilles bulliformes, excessivement minces, à spire apparente, qui avaient été classées dans le genre *Hydatina*, ou même *Bullina*, Fér., mais qui en diffèrent par leur surface ornée de quelques stries spirales très écartées, et par le nombre des tentacules du disque céphalique (deux au lieu de quatre). Je ne connais aucun fossile qui présente ces caractères.

Oligoptycha, Meek, 1876.

Répart. Stratigr. — Ce sous-genre ne m'était jusqu'à présent connu que par la figure donnée par Meek, dans son Mémoire sur le terrain crétacique du Missouri : depuis l'impression de la première livraison de ces « Essais », j'ai eu la satisfaction de constater l'existence, en France, d'une coquille qui paraît se rapporter complètement à la forme américaine :

Senonien........ Une espèce probable dans le Santonien inférieur de l'Aude à Sougraignes (*O. Grossouvrei*, Cossm. Assoc. franç. Congrès de Carthage, 1896), coll. de Grossouvre.

ERIPTYCHA, Meek. 1876.

Répart. Stratigr. — Ce genre n'a pas encore été signalé en France, dans a Craie tout à fait supérieure; je puis actuellement combler cette lacune.

SENONIEN........ Une espèce, dont j'ai vérifié le pli bifide, dans le Campanien de Villambleur, Dordogne (*Avellana royana*, d'Orb.), coll. Jolly.

PARASCUTUM, Cossm. 1892 (*non Williamia*, Monts.).

Observ. — Il résulte d'une communication, qui m'a été faite par M. Jolly. d'un échantillon de *Williamia Gussoni*, Costa, qu'on ne peut établir aucun rapprochement entre cette espèce et *Umbrella Raincourti*, *nob.* des environs de Paris. Dans ces conditions, ainsi que je le prévoyais, il y a lieu de reprendre le nom *Parascutum* que j'ai proposé pour la coquille fossile, d'en faire un sous-genre distinct, et de lui appliquer la diagnose (p. 137) que j'ai donnée d'après cette espèce, que je considérais à tort comme un plésiotype de *Williamia* : elle devient donc l'espèce type du sous-genre *Parascutum*.

ACRORIA, Cossmann, 1885.

Observ. — L'espèce pliocénique de San Pedro, dénommée *A. dubia*, par M. Bergeron, dans son rapport sur la Mission d'Andalousie, ne me paraît pas appartenir au genre *Acroria*, à cause de sa forme symétrique qui rappelle plutôt les *Scutum*, et parce qu'elle est dépourvue de la dépression siphonale qui caractérise, en général, toutes les formes que j'ai placées dans la famille *Acroriidæ*.

2° DESCRIPTION DES ESPÈCES INÉDITES, CITÉES DANS CETTE LIVRAISON.

Ptygmatis carentonensis, *nov. sp.* Pl. IV, fig. 3.

Forme trapue, conique ; spire courte ; tours plans ou légèrement évidés, un peu en gradins, à sutures bordées par une rampe arrondie ; surface à peu près lisse ; dernier tour atteignant les deux cinquièmes de la longueur totale, séparé de la base par un angle périphérique en général arrondi, parfois subcaréné ; base obliquement déclive, non convexe, quelquefois subexcavée. Ouverture rhomboïdale, à section quinquelobée par des plis lamelleux et très saillants, un au labre, trois à la columelle, le pli pariétal plus mince et moins élevé que les autres ; perforation axiale très étroite, presque entièrement recouverte par le bord columellaire, sauf à l'extrémité du bec antérieur de l'ouverture.

Dim. — Longueur probable, 56 mill. ; diamètre, 25 mill. ; dernier tour de face, 27 mill.

Rapp. et diff. — Pour séparer cette espèce de *P. Requieni*, d'Orb. qui existe aussi dans la Charente (coll. Arnaud), je me fonde sur trois caractères différentiels qui me paraissent avoir une réelle constance : d'abord l'angle spiral, ou plutôt le rapport de la longueur au diamètre, qui est à peine de 3 dans l'espèce décrite par d'Orbigny, tandis que chez notre espèce, beaucoup plus trapue, la base atteint presque la moitié de la longueur ; en second lieu, tandis que la hauteur du dernier tour de *P. Requieni* ne représente guère que les 5/18 de la longueur, elle en atteint les 2/5 chez *P. carentonensis*, c'est-à-dire une proportion presque moitié plus grande ; enfin, les tours de notre espèce sont légèrement étagés en gradins arrondis, tandis que d'Orbigny indique dans la Paléontologie une forme subulée, des tours séparés par des sutures linéaires ; même le plus grand des individus de la Charente que je rapporte à *P. Requieni* (comme l'a fait M. Coquand d'ailleurs) a les tours un peu imbriqués en avant. Il y a donc des motifs sérieux pour séparer ces deux formes, et je ne puis en donner de meilleure preuve qu'en les faisant figurer l'une à côté de l'autre.

Gisement. — Charente : Châteauneuf, à la Pelleterie. Un individu de *P. carentonensis* (Pl. IV, fig. 3) ; un individu de *P. Requieni* (Pl. IV, figure 2) ; coll. Arnaud. — Étage Turonien, sous-étage Provencien, niveau H. (*sec.* Arnaud).

Nerinella subæqualis, [d'Orb.]. Pl. IV, fig. 1.

1842. *Nerinea subæqualis*, d'Orb. Pal. fr. crét. t. II, p. 93, pl. CLXII, fig. 5.
1850. *Nerinea subæqualis*, d'Orb. Prod. 21e ét., p. 191, n° 34.

Forme étroite, cylindracée ; spire longue, subulée ; tours presque plans ou faiblement évidés, dont la hauteur atteint les trois quarts de la largeur ; sutures linéaires, situées sur un faible renflement ; surface entièrement lisse : dernier tour peu élevé, anguleux à la périphérie de la base, qui est déclive et imperforée. Ouverture étroite, rhomboïdale, canaliculée en avant; labre muni, à l'intérieur, d'un gros pli médian ; pli columellaire bordant le canal antérieur ; pli pariétal très écarté du précédent et beaucoup plus mince.

Dim. — Longueur probable, 24 mill.; diamètre, 24 mill.

Observ. — J'ai repris la description de cette espèce déjà connue, d'une part, parce qu'elle n'a été décrite que d'après un moule, tandis que l'échantillon ci-dessus décrit est muni de son test, et que j'en ai étudié de nombreux individus dans le même état de conservation ; d'autre part parce qu'elle est un exemple frappant de la difficulté qu'on éprouve souvent à séparer certaines *Nerinella* des *Nerinea* typiques : ce n'est guère que par son galbe droit et subulé par l'écartement considérable du pli columellaire et du pli pariétal, qu'on peut fixer le classement générique de N. *subæqualis*, qui ressemble évidemment à certaines *Nerinea* peu trapues, ne fût-ce que par sa grande taille, par exemple, à *N. Aunisiana*. La même incertitude existe pour le classement de certaines formes bajociennes, c'est-à-dire au début de l'apparition des *Nerineidæ ;* ici, au contraire, c'est à l'étage Turonien, en d'autres termes, tout près de la disparition de cette famille, qu'il semble se produire une nouvelle soudure entre les deux genres; au contraire, dans les terrains jurassiques moyen et supérieur, comme à la base de la période crétacique, leurs caractères différentiels sont beaucoup plus tranchés et présentent le maximum d'écart, coïncidant précisément avec la période du plus grand développement de la famille. Je me borne à signaler cette anomalie, qui est quelque peu en contradiction avec la théorie de l'éventail auquel j'ai, dans la première livraison de ces « Essais », comparé la genèse morphologique des Opisthobranches.

Gisement. — Charente : Châteauneuf, à la Pelleterie, une douzaine d'échantillons avec leur test (Pl. V, fig. 1), coll. Arnaud. — Étage Turonien, sous-étage Provencien, niveau H. (*sec.* Arnaud).

Asthenotoma Tatei, *nov. sp.* Pl. VI, fig. 29.

Taille assez petite ; forme étroite, subulée; embryon obtus, en goutte de suif ; spire longue, composée, outre l'embryon, de sept tours, le premier costulé, les suivants ornés de quatre petites carènes spirales, entre lesquelles il existe, pour trois des interstices, un filet plus fin ; tous les intervalles des carènes sont décussés par de fins plis d'accroissement, sinueux et serrés ; dernier tour un peu plus grand que le tiers de la longueur, à base excavée, terminé par un canal peu allongé et obliquement infléchi, sans échancrure à son extrémité antérieure. Ouverture assez large en arrière, subitement rétrécie en avant; labre arqué, muni d'une échancrure large et triangulaire, assez loin de la suture à laquelle il aboutit obliquement ; columelle coudée, sans aucune trace de pli sur le coude ; bord columellaire étroit, peu calleux, se terminant en pointe un peu au-dessus du coude de la columelle, sans atteindre l'extrémité du canal.

Dim. — Longueur, 15 mill.; diamètre, 4 mill.

R. D. — Cette espèce a tout à fait l'aspect d'*A. Basteroti*, quoiqu'elle ait cependant un canal un peu moins tronqué et un embryon beaucoup plus obtus encore. L'absence complète de plis columellaires et l'existence d'un sinus bien visible ne permettent pas de la classer dans la section *Endiatoma*, quoiqu'elle se rapproche d'*E. quadricincta* par son canal un peu plus long et plus coudé que celui des *Asthenotoma;* d'ailleurs, elle n'a pas l'embryon conoïdal du type de cette section. Si on compare notre espèce à *A. consutilis*, qui est aussi un *Asthenotoma* d'Australie, on trouve qu'elle a la spire plus subulée, les tours moins convexes, le canal plus long, l'ornementation différente, etc.

Gis. et loc. — Australie du Sud, deux échantillons donnés par M. Bonnet (Pl. VI, fig. 29), ma coll. Eocène

Daphnella ponteleviensis, *nov. sp.* Pl. VII, fig. 9-10.

? *Daphnella Salinasi*, Dollf. Dautz. Etude prélim. faluns Tour. (non Calc.).

Taille petite ; forme ovale, buccinoïde ; spire courte, à galbe subconoïdal ; embryon lisse, obtus, paucispiré ? quatre tours convexes, outre l'embryon, munis d'une rampe légèrement excavée au-dessus de la suture, cancellés par une quinzaine de côtes un peu obliques, et par quatre cordons spiraux, entre lesquels il existe des filets plus fins ; dernier tour supérieur aux deux tiers de la hauteur totale, arrondi à la base sur laquelle l'ornementation se prolonge, terminé par un canal court et tronqué, un peu infléchi à droite, sans échancrure à son extrémité et sur le cou duquel s'enroulent des filets obliques. Ouverture ovale, peu allongée: labre arqué, peu épais, entaillé contre la suture par un sinus peu profond; columelle excavée en arrière et au milieu, à peine infléchie en avant; bord columellaire mince, peu distinct.

Dim. — Longueur, 5 1/2 mill.; diamètre, 3 mill.

R. D. — Se distingue de *D. Salinasi* par sa forme et sa spire plus courtes, par son ornementation plus régulièrement cancellée; c'est bien une *Daphnella*, quoique l'embryon soit assez obtus, probablement par suite de l'usure qu'ont subie la plupart des coquilles des faluns de la Touraine. Cependant les individus que m'a ultérieurement communiqués M. Dollfus sont un peu plus élancés que celui qui m'a servi de type, leurs tours sont plus arrondis, et le treillis paraît plus fin, parce que la surface est plus fraîche; mais ce ne sont pas des *D. Salinasi*.

Gis. et loc. — Pontlevoy (Pl. VII, fig. 9-10), ma coll. — Helvétien.

Mitromorpha subulata, *nov. sp.* Pl. VIII, fig. 21.

Taille très petite; forme ovoïdo-biconique; spire très courte et subulée; embryon subglobuleux, composé d'un tour et demi, à nucléus obtus; quatre tours presque plans, séparés par des sutures peu profondes, ornés de sillons spiraux et obsolètes qui ne persistent, sur les derniers tours, qu'à leur partie inférieure, au nombre de trois ou quatre seulement; dernier tour égal aux deux tiers de la longueur totale, peu ventru, orné de quatre sillons en arrière, qu'une zone lisse sépare des sillons de la base: celle-ci est déclive et se joint au cou du canal presque sans inflexion. Ouverture étroite, terminée en avant par un canal court, à peine distinct, sans échancrure à son extrémité; labre à peu près rectiligne, avec une sinuosité postérieure à peine indiquée; portant à l'intérieur un rang de denticules inégaux, très petits et peu saillants; columelle non sinueuse, portant au milieu deux plis assez écartés, un peu épais à l'entrée de l'ouverture, puis plus minces et plus obliques dans leur enroulement interne; bord columellaire mince et peu distinct, se terminant en pointe effilée contre l'extrémité du canal.

Dim. — Longueur, 4 1/2 mill. ; diamètre, 2 mill.

R. D. — Cette petite espèce se rapproche tout à fait, par sa forme et par sa columelle, de *M. lirata*, qui est le type du genre *Mitromorpha*, Adams; toutefois, la diagnose de cette coquille, qui provient des mers du Japon, n'indique aucune denticulation à l'intérieur du labre, probablement parce que l'exemplaire décrit n'était pas adulte ; en outre, les tours de notre espèce sont seulement sillonnés, tandis que ceux des autres formes qu'on classe dans le genre *Mitromorpha* sont parfois cancellés. Quoi qu'il en soit, je n'hésite pas à attribuer au genre d'Adams la petite coquille du gisement de Gourbesville, et cette assimilation me permet d'avoir une opinion définitive sur le classement de ce genre : en effet *M. Subulata* me paraît voisin de *Cordieria*, à cause de son sinus peu profond, de ses deux plis columellaires et de son embryon tout à fait identique ; elle s'en écarte cependant par les denticulations internes de son labre et par sa forme de *Conomitra*. D'autre part, il ne paraît pas possible de la placer dans la famille *Mitridæ*, puisqu'elle possède un léger sinus labial, et que son canal n'est pas échancré à l'extrémité antérieure.

Gis. et Loc. — Gourbesville, unique (Pl. VIII, fig. 21), ma coll. — Pliocène, avec les *Astarte* et *Raincourtia incilis*.

TABLE ALPHABÉTIQUE

DES

FAMILLES, GENRES, SOUS-GENRES, ETC.

Les noms en italiques sont ceux des synonymes.

Tours. — Imprimerie Deslis Frères.

PLANCHE 1

1-2.	Itieria cabanetiana, (d'Orb.).	Oyonnax	Kimm.	réd^on 1/2
3-4.	id.	Valfin	Kimm.	gr. nat.
5.	Pseudonerinea Clauenensis, de Lor.	Blauen	Raur.	gr. nat.
6.	Pseudonerinea Clytia, (d'Orb.).	Perreuse	Raur.	réd^on 1/2
7-8.	Pseudonerinea Clio, (d'Orb.).	Oyonnax	Kimm.	gr. nat.
9.	Fibula nudiformis, Piette.	Maisoncelle	Bath.	gr. nat.
10.	Itruvia canaliculata, (d'Orb.).	Uchaux	Turon.	gr. nat.
11.	id.	Uzès	Turon.	gr. nat.
12-13.	Campichia truncata, (Pict. et Camp.).	Châtillon	Urgon.	gross^t 3
14-15.	Endiaplocus Munieri, (Rig. et Sauv.).	Hidrequent	Bath.	gross^t 4/3
16.	Nerinea salinensis, d'Orb.	Noiron	Portl.	réd^on 1/3

PLANCHE II

1.	PHANEROPTYXIS MOREANA, (d'Orb.).	Merry-s.-Yonne	Raur.	gr. nat.
2.	NERINEA TUBERCULOSA, Defr.	Coulanges-s.-Yonne	Raur.	réd°ⁿ 1/2
3.	PTYGMATIS BRUNTRUTANA, Thurm.	Wagnon	Oxford.	gr. nat.
4.	PTYGMATIS CARPATHICA, Zeuschner.	Valfin	Kimm.	gr. nat.
5.	DIOZOPTYXIS MONILIFERA, (d'Orb.).	Le Mans	Cénom.	réd°ⁿ 1/3
6.	APHANOPTYXIS DEFRANCEI, (Desl.).	Hidrequent	Bath.	réd°ⁿ 1/2
7-8.	TROCHALIA PATELLA, (Piette).	Rumigny	Bath.	gr. nat.
9-11.	NERINELLA GROSSOUVREI, Cossm.	Vendée	Hettang.	gross[t] 5/4
12.	CRYPTOPLOCUS DEPRESSUS, (Voltz).	Haute-Saône	Séquan.	réd°ⁿ 1/2
13-14.	id.	Valfin	Kimm.	réd°ⁿ 1/2

PLANCHE III

1-4.	Sequania Lorioli, Cossm.	Tonnerre	Séquan.	gr. nat.
5-6.	Acrostylus trinodosus, (Voltz).	Noiron	Portl.	gr. nat.
7.	id.	Lods	Portl.	gr. nat.
8.	Nerinea tuberculosa, Defr.	Puiseux	Raur.	rédon 1/2
9.	Aptyxiella sexcostata, (d'Orb.).	La Rochelle	Séquan.	gr. nat.
10.	Aptyxiella rupellensis, (d'Orb.).	La Rochelle	Séquan.	grosst 2
11-12.	Nerinella tornatella, (Voltz).	Châtel-Censoir	Raur.	grosst 2
13-14.	Bactroptyxis implicata, (d'Orb.).	Hidrequent	Bath.	gr. nat.

PLANCHE IV

1.	NERINELLA SUBÆQUALIS, (d'Orb.).	Châteauneuf	Turon.	réd^on 1/2
2.	PTYGMATIS REQUIENI, (d'Orb.).	Châteauneuf	Turon.	gr. nat.
3.	PTYGMATIS CARENTONENSIS, Cossm.	Châteauneuf	Turon.	gr. nat.
4-6.	BULLOPSIS CRETACEA, Conrad.	Ripley	Crét.	gross^t 2
7.	SUBULA FUSCATA, (Brocchi).	Saucats	Mioc.	gr. nat.
8.	id.	Manthelan	Mioc.	réd^on 1/2
9.	PUSIONELLA TAURONIFAT, Sacco.	Colli Torinesi	Mioc.	gr, nat.
10.	MELANIOPTYXIS ALTARARIS, (Cossm.).	Montarlot	Bath.	gr. nat.
11.	TEREBRA ACUMINATA, Borson.	Vezza d'Alba	Plioc.	gr. nat.
12.	EURYTA NODOSOPLICATA, (Dunker).	Antilles	Viv.	gr. nat.
13.	MYURELLA PLIOCENICA, (Font.).	Cannes	Plioc.	gr. nat.
14.	FUSOTEREBRA TEREBRINA, (Bon.).	Santa-Agata	Mioc.	gr. nat.
15-16.	HASTULA PLICATULA, (Lamk.).	Villiers	Eoc.	gr. nat.
17-18.	TRACHELOCHETUS DESMIUS, (Edw.).	Barton	Eoc.	gross^t 2
19.	CLAVATULA SPINOSA, (Grat.).	Peloua	Mioc.	gr. nat.
20.	SPINEOTEREBRA SPINULOSA, (Doderl.).	Stazzano	Mioc.	gr. nat.
21.	NODITEREBRA GENICULATA, (Tate).	Australie Sud	Eoc.	gross^t 2

PLANCHE V

1.	Perrona Jouanneti, (Desm.).	Lapugy	Mioc.	gr. nat.
2.	Clavatula romana, (Defr.).	Toscane	Plioc.	gr. nat.
3-4.	Surcula transversaria, (Lamk.).	Parnes	Eoc.	gr. nat.
5-6.	Ancistrosyrinx terebralis, (Lamk.).	Parnes	Eoc.	gross[t] 2
7-8.	Apiotoma pirulata, (Desh.).	Cuise	Eoc.	gross[t] 3/2
9-10.	Hemipleurotoma denticula, (Bast.).	Léognan	Mioc.	gross[t] 3/2
11-12.	Pleurotoma turricula, (Brocchi).	Biot	Plioc.	gr. nat.
13.	Perrona semimarginata, (Lamk.).	Saucats	Mioc.	gr. nat.
14-15.	Pleurotoma rotata, (Brocchi).	Cannes	Plioc.	gr. nat.
16.	id.	Biot	Plioc.	gross[t] 3/2
17-18.	Oxyacrum obliteratum, (Desh.)	Mouchy	Eoc.	gross[t] 2
19.	Clinura calliope, Bell.	Sienne	Plioc.	gr. nat.
20-21.	Hemipleurotoma Giebeli, (Bell.).	Salles	Mioc.	gross[t] 2
22-23.	Crassipira angulosa, (Desh.).	Villiers	Eoc.	gross[t] 3
24-25.	Cymatosyrinx simplex, (Desh.).	Villiers	Eoc.	gross[t] 2
26-27.	Spirotropis carinata, (Phil.).	Finmark	Viv.	gr. nat.
28-29.	Donovania minima, (Montg.).	Palerme	Post-plioc.	gross[t] 4
30-31.	Daphnobela juncea, (Sow.).	Barton	Eoc.	gr. nat.

PLANCHE VI

1-2.	Eopleurotoma curvicosta, (Lamk.).	Villiers	Eoc.	gross' 2
3 et 5.	Drillia Allionii, Bell.	Biot	Plioc.	gr. nat.
4.	Aphanitoma labellum, (Bon.).	Stazzano	Mioc.	gross' 2
6-7.	Crassispira Brocchii, (Bon.).	Cannes	Plioc.	gr. nat.
8-9.	Buchozia hemiothone, (Tate).	Australie Sud	Eoc.	gross' 2
10-11.	Bela pulchra, (Tate).	Australie Sud	Eoc.	gr. nat.
12-13.	Buchozia citharella, (Lamk.).	Réquiécourt	Eoc.	gross' 5
14-15.	Hædropleura sexangularis. Montg.	Turin	Plioc.	gross' 2
16-17.	Rouaultia subterebralis. Bell.	Tetti Borelli	Mioc.	gr. nat.
18 et 20.	Borsonia prima, Bell.	Turin	Mioc.	gross' 3/2
19.	Bathytoma cataphracta, (Brocchi).	Saubrigues	Mioc.	gr. nat.
21-22.	Cordieria calvimontensis, (Desh.).	Chaussy	Eoc.	gr. nat.
23-24.	Asthenotoma Basteroti, (Desm.).	Saucats	Mioc.	gross' 2
25-26.	Epalxis ventricosa, (Lamk.).	Le Guépelle	Eoc.	gr. nat.
27-28.	Trypanotoma terebriformis, (Meyer).	Newton	Eoc.	gross' 3
29.	Asthenotoma Tatei, Cossm.	Australie Sud	Eoc.	gross' 2
30.	Endiatoma quadricincta. (Cossm.).	Saint-Gobain	Eoc.	gross' 2
31-32.	Amblyacrum rugosum, (Desh.).	Mouchy	Eoc.	gross' 2
33-34.	Bellardiella textilis, (Brocchi).	Biot	Plioc.	gross' 2
35.	Scobinella læviplicata, Gabb.	Jackson	Eoc.	gross' 4
36-37.	Clathurella Milleti, (Desm.).	Peloua	Mioc.	gr. nat.

PLANCHE VII

1-2.	PLEUROTOMELLA POLYCOLPA, (Cossm.).	Mouchy	Eoc.	grosst 4
3-4.	TERES ANCEPS, (Eichw.)	Cannes	Plioc.	grosst 4
5-6.	PERATOTOMA STRIARELLA, (Lamk.)	Villiers	Eoc.	grosst 5
7-8.	THESBIA MICROTOMA, Cossm.	Bois de Perthes	Eoc.	grosst 5
9-10.	DAPHNELLA PONTELEVIENSIS, Cossm.	Pontlevoy	Mioc.	grosst 4
11-12.	PSEUDOTOMA BONELLII, Bell.	Vöslau	Mioc.	gr. nat.
13.	MANGILIELLA MULTINILEATA, (Desh.).	Méditerranée	Viv.	grosst 4
14.	MANGILIA QUADRILLUM, (Dujard.).	Pontlevoy	Mioc.	grosst 4
15 et 19.	BEISSELIA SPECIOSA, Holz.	Vaals	Sén.	gr. nat.
16 et 18.	ROSTELLITES FENESTRATUS, Rœmer.	Vaals	Sén.	gr. nat.
17.	ATOMA HYPOTHETICA, Bell.	Santa-Agata	Mioc.	grosst 3/2
20-21.	CRYPTOCONUS FILOSUS, (Lamk.).	Villiers	Eoc.	gr. nat.
22-23.	SINISTRELLA AMERICANA, (Aldr.).	Jackson	Eoc.	grosst 5/2
24-25.	MANGILIA COSTATA, (Donor.).	Biot	Plioc	grosst 2
26-27.	GOSAVIA SQUAMOSA, (Zek.).	Gosau	Turon.	gr. nat.
28.	HALIA HELIÇOIDES, (Brocchi).	Italie	Plioc.	gr. nat.
29-30.	DITOMA ANGUSTA, (Jan),	Biot	Plioc.	grosst 3
31-32.	DAPHNELLA ROMANII, (Libas.).	Albenga	Plioc.	grosst 2
33.	EUCITHARA MARGINELLOIDES, (Reeve).	Philippines	Viv.	grosst 5/2
34-35.	GENOTIA CRAVERI, Bell.	Sienne	Plioc.	gr. nat.

PLANCHE VIII

1et6.	Hemiconus stromboides, (Lamk.).	Grignon	Eoc.	gr. nat.
2et5.	Dendroconus Eschwegi, (da Costa).	Cacella	Mioc.	gr. nat.
3-4.	Plicobulla Dumasi, Cossm.	La Close	Eoc.	gross^t 3
7-8.	Conospira antediluviana, (Brug.).	Biot	Plioc.	gr. nat.
9-10.	Lithoconus Mercatii, (Brocchi).	Pötzleinsdorf	Mioc.	gr. nat.
11.	Pseudotoma intorta, (Brocchi).	Cannes	Plioc.	gr. nat.
12.	Bathytoma cataphracta, (Brocchi).	Saubrigues	Mioc.	gr. nat.
13.	Rostellites texana, Conrad.	Kaufman	Crét.	gr. nat.
14.	Bathytoma cataphracta, (Brocchi).	Biot	Plioc.	gr. nat.
15.	Pholidotoma subheptagona, (d'Orb.).	Saint-Cyr	Sén.	gr. nat.
16et18.	Conorbis dormitor, (Sow.).	Barton	Eoc.	gross^t 3/2
17.	Raphitoma plicatella, Jan.	Biot	Plioc.	gr. nat.
19et23.	Stephanoconus cresnensis, (Morlet).	Cresnes	Eoc.	gr. nat.
20et22.	Chelyconus Noæ, (Brocchi).	Saubrigues	Mioc.	gr. nat.
21.	Mitromorpha subulata. Cossm.	Gourbesville	Plioc.	gross^t 4

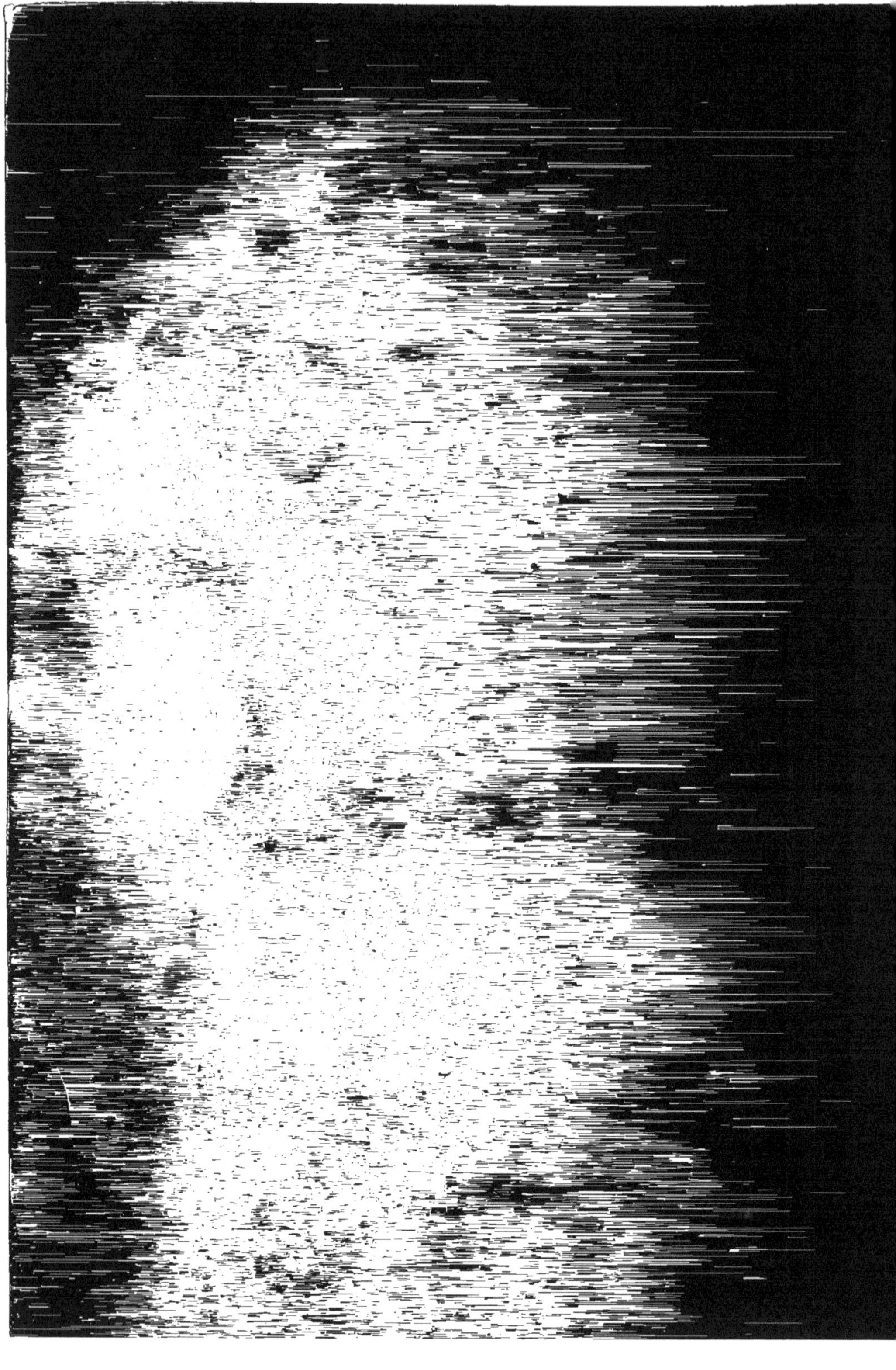

www.ingramcontent.com/pod-product-compliance
Ingram Content Group UK Ltd.
Pitfield, Milton Keynes, MK11 3LW, UK
UKHW022053190726
13855UKWH00002B/490